10 TEN kinds of modeling technique for all GUNPLA builders

的 變身帥氣鋼彈模型 10大製作技法全書

contents

前言

本書以任何人都能輕鬆組裝的次世代快速組裝模型「ENTRY GRADE 1/144 RX-78-2 鋼彈」為題材，採用10階段的逐步提升方式來解說製作技巧。

書中由在《月刊模型雜誌 Hobby Japan》上活躍的10位專業模型師和人氣急升的鋼彈狂熱模特兒參與，詳細解說了如何利用成型色進行點綴技巧，並從專業模型師的視角提供工作方法，包含所使用的工具和材料。本書能讓你在組裝鋼彈時更加熟練，也能讓過程變得更加有趣。

ENTRY GRADE RX-78-2 鋼彈

是這樣的套件

　　ENTRY GRADE 乃是以任誰都能輕鬆組裝完成的塑膠套件為號召，於 2020 年問世的新品牌。在該品牌下推出的「1/144 RX-78-2 鋼彈」具備了「無須使用斜口剪」、「無須黏合」、「無須塗裝」、「無須使用貼紙」這 4 大特色，不僅適合第一次接觸鋼彈模型的玩家製作，亦是回鍋鋼彈模型玩家重新練習技術的最佳選擇。那麼對於已經很熟悉製作鋼彈模型的資深玩家來說，它是否欠缺了點挑戰性呢？答案是否定的。它毫無疑問是運用最新技術設計而成的鋼彈模型，無論是直接製作完成也好，稍微花點心力做得更出色也罷，以能夠任憑玩家發揮各式鋼彈模型製作技法的題材來說，這絕對是一款極為優秀的套件呢。

兩種 ENTRY GRADE RX-78-2 鋼彈

　　這款套件是先行於東京＆福岡鋼彈基地販售的，盒裝內容物為主體和武器（光束步槍和護盾），屬於標準的鋼彈模型規格。這兩者也都是符合傳統鋼彈模型迷需求的內容。相對地，簡便包裝 Ver. 採用 PP（聚丙烯）袋作為包裝方式，內容物只有主體，並沒有附屬武器，不過價格也比先行販售版便宜了 200 日圓，是一款徹底追求便於購買和壓低購買門檻的商品。

ENTRY GRADE RX-78-2 鋼彈
●發售商／BANDAI SPIRIT HOBBY 事業部●700 日圓，2020 年 9 月發售●1/144，約 12cm●塑膠套件●於東京＆福岡鋼彈基地先行販售

ENTRY GRADE RX-78-2 鋼彈
（簡便包裝 Ver.）
●發售商／BANDAI SPIRIT HOBBY 事業部●500 日圓，2020 年 12 月發售●1/144，約 12cm●塑膠套件

＼組裝時的重點建議／

首先就從組裝套件時的重點製作技巧開始說明吧。ENTRY GRADE 鋼彈是一款無須使用斜口剪的套件，就算不使用到工具也能製作完成，不過若是搭配模型用工具進行組裝，便能製作得更加美觀工整。

① 使用到的工具

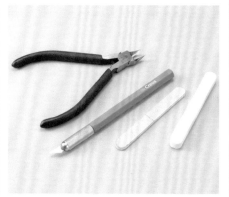

▲只要有這3種工具就能完成基本的製作了。照片中由左至右依序為斜口剪（BANDAI SPIRIT HOBBY事業部／THE GUNDAM BASE特製斜口剪）、筆刀（GSI Creos／Mr.筆刀）、打磨棒（WAVE／各式打磨棒）。

② 修整剩餘的注料口

▲用斜口剪將零件從框架上剪下來。讓斜口剪採取由框架底下向上伸的方式動剪，易於減少殘留的注料門（湯口）。

▲紅圈處就是殘留的注料口。由於殘留了一些參差不齊的毛邊，得對這類部位進行修整才行。

▲用筆刀削掉殘留的注料口。這部分要用筆刀橫向移動，淺淺地逐步削掉。不過此時若是讓筆刀的刀刃朝內，有可能會誤削到自己的手指，因此一定要保持刀刃朝向外側的方式進行作業喔。

▲用筆刀削掉剩餘注料口的作業告一段落。左側是作業前，右側是作業後的模樣。剩餘注料口已不復存在，成為了工整的平面。

③ 磨平分模線

▲塑膠套件是用兩面鋼模進行射出成形的產物，因此鋼模之間的交界線會形成分模線這種微幅高低落差或凸起線條。這部分是設定圖稿中所沒有的，必須經由打磨修整讓零件恢復原本應有的形狀。

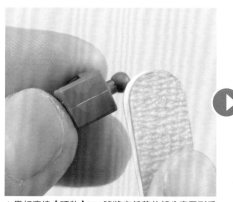

▲用打磨棒【硬款】800號將高低落差部分磨平到看不見的程度。打磨棒或砂紙的號數愈小就愈粗糙，削磨力也會愈強。打磨棒是本身附有墊片的產品，拿來打磨出平面時會相當方便好用。

▲接著是用打磨棒【拋光款】來研磨表面。打磨棒【拋光款】正反兩面為性質不同的打磨片，先以綠色面磨平細微磨痕，再改用白色面進行研磨，即可讓表面恢復光澤。

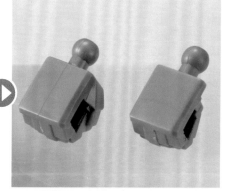

▲用打磨棒磨平分模線的修整作業完成。左側是作業前，右側是作業後的模樣。隨著磨平分模線，零件也恢復原本應有的形狀。

RX-78-2 鋼彈 專有名詞解說

在此要利用前一頁組裝完成的 ENTRY GRADE 鋼彈來為「RX-78-2 鋼彈」解說各部位名稱。這些專用名詞在後續章節中也會出現,先記住的話會更易於理解解說內容。

各部位解說

①頭部組件

頭頂設有相當於「眼睛」的主攝影機,頭部後側也搭載了後方攝影機。看起來像是雙眼的雙眼感測器用途在於提高瞄準精準度,上方還設有無段方位天線和 60mm 火神砲。雖然火神砲的威力並沒有多強,主要是牽制敵人用的,但以近身戰武器來說,在進行肉搏戰之際是格外有效的武裝。

②駕駛艙

收納於身體裡的核心區塊為駕駛艙所在,本身搭載了作為鋼彈動力來源的 2 具核融合發動機。核心區塊兼具逃生裝置的功能,可變形成被稱作核心戰機的戰鬥機形態。核心戰機可運用於航空／航宙,搭載了 30mm 小型火神砲×2、4 連裝小型飛彈×2 等裝備,本身也具有十足的戰鬥能力。

③關節驅動裝置

各關節驅動裝置採用了被稱為力場馬達的促動系統。在 I 力場與米諾夫斯基粒子的相互作用下,能夠產生高輸出功率的扭力。

⑤腰部組件

搭載了輔助發動機 1 具,還內藏衝入大氣層等狀況用的耐熱膜和機體冷卻劑噴霧組件等裝備。後裙甲處設有攜帶各式武裝用的掛架。前後有共計 4 具的黃色箱形組件為儲存庫,存放著作為核融合用燃料的氦 -3。

④機械手

與人類一樣具有 5 根手指的機械手。這部分也採用了和各關節一樣的促動器,可供運用光束步槍和光束軍刀等各式各樣的選配式裝備。

⑥腿部組件

腿部搭載有驅動用的獨立發動機。亦備有姿勢控制用噴嘴和阻尼器。這部分占了機身整體質量的近一半,不僅在無重力空間中能作為 AMBAC(不使用燃料的主動式質量移動姿勢控制方式)組件使用,在重力環境下也發揮跳躍和移動用機動組件的功能。

⑦推進背包

此處搭載了2具輔助發動機。核心區塊的發動機是供核心戰機航空／航宙用，具有作為熱核噴射／火箭引擎的功能，亦供主推進器進行燃燒用，這部分則是為光束步槍和光束軍刀供給能量。推進背包上也搭載了作為推進裝置的2具主要推進噴嘴。另外還兼具光束軍刀掛架，以及在未使用護盾時可作為掛架的功能。

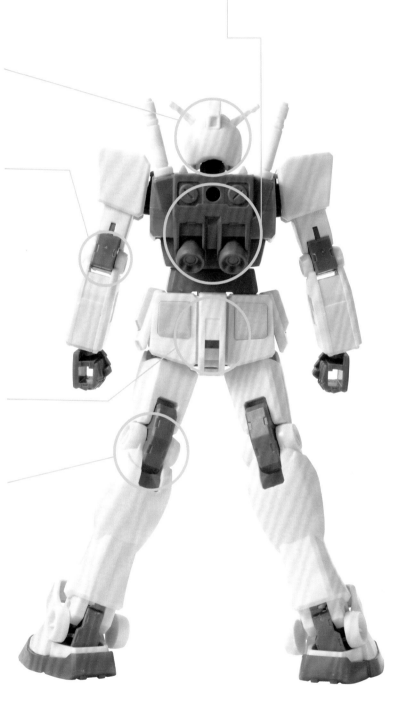

▶ RX-78-2 鋼彈所使用的主要武裝一覽。ENTRY GRADE 鋼彈僅附有光束步槍、護盾，以及光束軍刀的柄部。光束刀取自主要是HG系列套件經常會內含的「SB-13」零件框架，超絕火箭砲則是取自「一番賞 機動戰士鋼彈 鋼彈模型40週年」F獎「ENTRY GRADE RX-78-3 G3鋼彈 實色&透明色搭配版」的配件。

「RX-78-2 鋼彈」是這樣的機體

SPEC

機型編號：RX-78-2
頭頂高：18.0m
主體重量：43.4t
全備重量：60.0t
裝甲材質：月神鈦合金

　　這是地球聯邦軍在機動戰士（MS）研發方面落後於吉翁公國軍的情況下，經由「V作戰」所研發出的試作型MS。為著重於對MS戰用的肉搏戰用機體，具備能夠運用光束步槍和光束軍刀等選配式武裝等特色，將MS身為人型所具備的通用性發揮至最大極限，可說是一架萬能機。月神鈦合金製裝甲更是有著就算被吉翁公國軍量產型MS薩克Ⅱ所使用的薩克機關槍給擊中，亦無從撼動分毫的高度防禦力，採用核心區塊系統和教育型電腦更是賦予了高度的生還率和運用性。在偶然成為本機體駕駛員的阿姆羅·嶺駕駛下，鋼彈在這場被後世稱為一年戰爭，於地球聯邦軍與吉翁公國軍之間爆發的衝突中一路奮戰到了最後。

主要使用的武裝

⑧光束步槍

為鋼彈的主要武裝。隨著成功研發出可將具備強大破壞力的MEGA粒子壓縮至近乎湮滅狀態，進而儲存起來的能量CAP系統，才得以造就這項武裝。蓄能一次可射擊16槍（亦有12槍或15槍的說法），搭配圓形瞄準器和前握把使用則能進行更加精密的射擊。

⑨護盾

將鋼彈主體使用的裝甲構造予以簡化，比起講究堅固牢靠，更著重於吸收／擴散所受到的衝擊力。採用由超高張力鋼、高密度陶瓷材料、高分子材料、月神鈦合金所組成的多層構造。在上側備有可開闔的窺視窗，內側握把則設有可移動位置的滑軌機構。

⑩光束軍刀

將壓縮到近乎湮滅狀態的米諾夫斯基粒子凝聚在I力場裡，藉此形成光束刃的近身戰鬥用武裝。

⑪超絕火箭砲

口徑為380mm（亦有說法為320mm），能靠著專用炸藥發射各種彈頭的無後座力砲。總裝彈數為4枚。

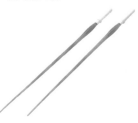

水貼紙的黏貼方式說明

　　水貼紙是一種能迅速地為模型添加裝飾的用品，在製作鋼彈模型時也經常會使用，在此要介紹黏貼這類貼紙的流程。主要使用工具包含了能將水貼紙從底紙裁切下來的剪刀（TAMIYA／水貼紙用剪刀）和筆刀（GSI Creos／Mr.筆刀）、夾取水貼紙的鑷子（TAMIYA／尖頭鑷子）、盛水的器皿（WAVE／白色塗料皿），以及棉花棒。在使用筆刀裁切水貼紙時，記得也要準備切割墊搭配使用喔。

解說／けんたろう

使用工具

套件的前置準備

▲這是為套件修整過注料口痕跡和分模線，並且依照後續頁面說明所述將頭部天線削磨銳利，以及入墨線後的狀態。要格外注意的是，如果有注料口痕跡或分模線殘留，可能會導致水貼紙無法黏貼牢靠，因此一定要仔細處理過才行。

▲所謂的水貼紙就是指先浸泡在水裡，等到印有圖樣的薄膜從底紙上浮起來後，再將該薄膜黏貼到塑膠套件表面來呈現機身標誌的貼紙。首先用剪刀或筆刀將打算黏貼的水貼紙圖樣從底紙上裁切開來。

▲再來是用鑷子夾取去浸水。要是浸泡過頭，水貼紙作為黏貼用的背膠會溶解流失，因此只要稍微浸泡一下即可。先將水貼紙放到即使被沾濕也無所謂的物品上，接著就等待水貼紙呈現可以從底紙上挪動的狀態。

▲將水貼紙連同底紙一併放在打算黏貼的零件上，然後將底紙抽掉，使水貼紙薄膜能直接挪移到零件上。確定黏貼位置無誤後，就用棉花棒以在水貼紙表面滾動的方式把空氣給擠出來，同時也吸取掉剩餘水分。此時的訣竅在於要讓棉花棒從水貼紙中心往外側滾動。

▲若只黏貼1張水貼紙會顯得單調，那麼就試著用複數水貼紙來搭配吧，這也是另一個黏貼要訣所在。上方照片是僅在肩甲正面黏貼1張水貼紙的狀態。肩甲正面很明顯地還留有許多空間。

▲那麼就試著補上1張面積較大的水貼紙吧。黏貼時要盡可能讓2張水貼紙靠近一點，最好是水貼紙白邊外緣能彼此靠在一起的程度，這樣才會有整體感。

▲黏貼水貼紙時，與其呆板地黏貼在面的中央，不如刻意黏貼在面的角落，這樣看起來會更有視覺效果。在打算黏貼第2張水貼紙之際，會格外易於調整搭配黏貼位置。

▲為MS黏貼水貼紙時，最值得推薦的位置就是胸部側面。光是黏貼在這裡，從正面算起的180度範圍內都能看得到，可以明確凸顯出水貼紙的存在。

▲護盾的面積較為寬廣，因此可以規劃出好幾種黏貼方式。第一個是只黏貼1張大面積貼紙的模式。這樣看起來相當簡潔有力呢。

▲接著是拿3張貼紙搭配黏貼的模式。可以更感受到「加上標誌了呢！」的主張。不要黏貼的像正方形一樣工整，而是要刻意排列成偏一邊的模樣，這才是能顯帥氣的訣竅所在。

▲水貼紙有意思的效果之一，正在於就算黏貼處本來沒有刻線，也能藉著水貼紙呈現設有紋路的視覺效果。照片中黃色的氣控制核上就是黏貼了紋路圖樣水貼紙。

▲武器也是值得推薦黏貼水貼紙的地方。這樣即可為通常是單一顏色的武器增添風采。握把一帶和槍管側面都是格外值得黏貼的位置。

水貼紙黏貼完成！

水貼紙黏貼完成了。相較於純粹組裝完成，視覺資訊量明顯增加許多，亦營造出了巨大兵器感。由此可知，黏貼水貼紙也是一種十足的細部修飾手法呢。如果覺得稍微多花點功夫無妨的話，從黏貼水貼紙著手也行喔。

水貼紙的黏貼方式理論（文／けんたろう）

　　為了能打從基礎營造出作為兵器的寫實感，水貼紙可以解釋成是直接套用了飛機的警告標誌。以飛機來說，視規則而定，首先要有的就是國籍標示，有的國家還會一併記載所屬部隊和基地，以及機體編號等資訊。至於視為兵器會使用到的警告標誌，舉例來說有著提醒該處具有危險性、禁止踩踏、面板使用方法等多樣化的說明內容。線條類標誌則是用來表示越過這條界線後會受到引擎噴焰影響，以及機背上僅限此處可站立或移動等範圍上的限制。具有這兩種文字要素的圖樣都能作為水貼紙拿來黏貼。國籍標示之類大面積水貼紙要黏貼在一目了然的醒目之處，藉此凸顯它的存在；細小的警告標誌則是要分散黏貼在各處，這就是黏貼時的基本原則所在。另外，還有一個絕對不能忘記的要素，那就是從哪個觀點看起來會是什麼樣子。以照片來說，正面往往會像這樣偏左，規劃黏貼位置時只要將這一點也納入考量即可。儘管背面會相對地偏右，但基本上只要掌握住重點部位，並且把警告標誌分散黏貼，這樣就足夠了。要是為整體胡亂地黏貼水貼紙，水貼紙能發揮的效果也會變差。因此唯有掌握住疏密有別的黏貼原則，才能運用「黏貼水貼紙」一事來吸引目光，讓水貼紙的效果能100%發揮出來。

　　儘管這次是以鋼彈為例進行解說，但薩克II在護盾和裙甲這部分也有較寬廣的面存

在，同樣可以應用前述原則。當然也可以拿已經加上機身標誌的現成模型來參考，再據此自行黏貼水貼紙來完成模型喔。

　　頭部側面光束軍刀柄部屬於適合黏貼較小的文字類或記號水貼紙之處。火神砲後側等處也是相當易於黏貼的重點部位。

　　肩甲的面積也很寬闊，是黏貼大面積水貼紙的絕佳重點部位。用來呈現國籍標示、白色基地所屬機，以及幾號機的地方。刻意讓另一側的肩甲空著亦是一種凸顯手法。

　　由於身體上側屬於容易吸引到目光的部位，因此數量黏貼過頭會顯得很難看。若是能以包含小面積的貼紙在內最多使用5張為前提，那在能夠襯托出身體的形狀之餘，亦更易於發揮出黏貼水貼紙的效果。胸部散熱口側面更是一定要黏貼的地方。胸部側面無

論貼上什麼都會顯得很清楚，因此這裡是絕對不能遺漏的部位。駕駛艙區塊側面也是很易於黏貼的重點之一。

　　儘管膝裝甲必須取決於形狀，但這也算是很易於黏貼的部位。適合只填貼在其中一側，藉此凸顯水貼紙存在的地方。以我個人的理論來說，通常會為右膝裝甲黏貼較多的水貼紙，左膝裝甲則是會相對地黏貼少一點。膝裝甲側面的小腿肚同樣是很顯眼之處。這部分的外側要多黏貼一點，內側則是少貼一點，如此便可凸顯出黏貼在外側的部分。踝護甲同樣也是易於黏貼的重點部位之一。由於側面有足夠空間，因此以正面加上左右兩側共計黏貼3張的情況來說，正面只要黏貼在中間就好，如果只打算在正面黏貼1張，那麼就採用黏貼對齊右下側的模式。

成套黏貼的手法

①拼接
先黏貼大面積的水貼紙，再於旁邊或下方黏貼較小的文字類水貼紙。這樣即可營造出用文字來補充隊徽資訊的效果。刻意運用尺寸差異呈現對比，或是採用相異顏色也均能凸顯出立體感。

③延伸
從上方那張水貼紙底下用延續的方式黏貼。可以使用在護盾之類面積較寬廣處。儘管照片中只黏貼了2張，但實際上要連續黏貼3張或4張也行。這是屬於用來表示部隊名稱之類的裝飾性效果。

②對齊角落
黏貼時刻意對齊黏貼部位的角落。套用在護盾或踝護甲這類面積較大的部位上會格外有效果。亦有在另一側再用1張水貼紙黏貼在位於對角線上的角落這種手法。以這件範例來說，這是很易於使用在身體和小腿側面上的手法。

④並排
這是以臂部或腿部的中心線為準，黏貼左右對稱的文字類水貼紙2～3張。若是能配合黏貼部位的面積改變上下水貼紙尺寸或顏色，會更具點綴效果。

[保留零件成形色的簡易製作法]

靠著重點製作技法領先一步

我是最會做鋼彈的…（以下省略）

在保留成形色的簡易製作法這個主題下，第一階段要解說能比素組套件領先一步的重點製作技法。擔綱製作者是近來急速竄紅的「超宅模特兒」水瀨ちか小姐。還請各位與目前仍以純粹組裝完成為主的水瀨小姐一同從基礎學起吧！

BANDAI SPIRIT 1/144 比例
塑膠套件 "ENTRY GRADE"

RX-78-2 鋼彈

製作者／水瀨ちか
解說／HOBBY JAPAN 編輯部
矢口英貴

水瀨ちか
　最喜歡鋼彈的模特兒。亦以角色扮演玩家和YouTuber的身分活動中。喜歡的顏色為紅色。自認為最滿意的地方是翹臀。最喜歡的人物是夏亞・阿茲納布爾和拉克絲・克萊因。在「GUNDAM Café TOKYO BRAND CORE」的活動中擔任主持人，亦參與了東京鋼彈基地線上節目影片「週三做模型」的客串演出，活躍範圍正不斷地擴大中。
X　@chika_minase

就照這樣一起努力製作吧！

本章節所需的工具＆用品

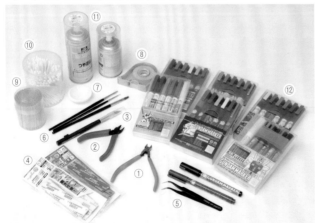

▲①Blade one 斜口剪（注料口用）（GODHAND）②入門款斜口剪（備用）（BANDAI SPIRIT 模型玩具事業部）③模型玩家筆刀（TAMIYA）④各種神磨！（海綿研磨片）（GODHAND）⑤極細針頭型鑷子（WAVE）⑥各種模型漆筆（TAMIYA）⑦白色塗料皿（WAVE）⑧遮蓋膠帶（TAMIYA）⑨牙籤⑩棉花棒⑪特製TOPCOAT光澤 & Mr. 超級柔順型消光透明漆（TOPCOAT用）（GSI Creos）⑫各種鋼彈麥克筆（主要是基本套組、擬真質感麥克筆、高流動型入墨線筆）（GSI Creos）
※①③是本人平時使用的工具。

①組裝前的準備

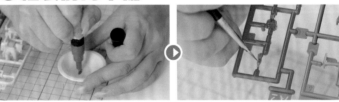

▲將額部主攝影機在尚未從框架剪下來的狀態進行塗裝。塗料選用了鋼彈金屬質感麥克筆的金屬紅。但並非直接塗佈，而是要先擠出塗料置於塗料皿中，再用漆筆沾取來筆塗上色。這樣會比較易於塗裝細小零件和造型較複雜的部位。

▲由於頭部後側與後方攝影機為一體成形的零件，因此改用遮蓋膠帶來取代配色貼紙。首先是先裁切出一截適當大小的遮蓋膠帶。接著將這截遮蓋膠帶黏貼在易於剝除的物品上，再和主攝影機一樣用金屬紅來塗裝。等塗裝完畢後就暫且靜置一段時間。

② 與組裝同步進行的作業

▲從這裡開始是與組裝同步進行的各項作業。雙眼感測器下方眼眶部位是用擬真質感麥克筆的擬真質感紅色1來入墨線。

▲將雙眼感測器表面稍加研磨，然後噴塗光澤TOPCOAT（透明漆）。

▲用鋼彈麥克筆SEED基本套組的SEED灰，針對火神砲進行局部塗裝。儘管該本來應該是黃色的，但為了省下替砲口入墨線的功夫，乾脆塗裝成灰色。和先前一樣，要先將塗料擠到塗料皿，再筆塗上色。

▲頭部側面散熱口則是拿鋼彈麥克筆入墨線用〈灰色〉極細來塗滿。

③ 想要讓天線顯得更銳利！

▲為了符合安全玩具規則，天線末端設有被稱為安全片的多餘部位。由於這類部位不存在於設定中，因此要裁切掉才行。首先是用斜口剪將該處大致剪掉。

▲剪掉後改用筆刀和打磨方式做進一步修整。用筆刀切削時要記得朝向外側運刀。

④ 先前作業的後續處理

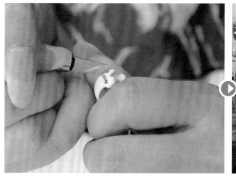

▲先前施加局部塗裝的地方應該乾燥得差不多了，因此將塗出界的塗料用筆刀刮掉。

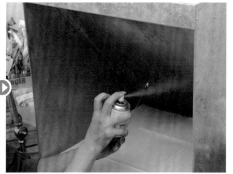

▲用光澤TOPCOAT噴塗覆蓋塗裝成金屬紅的主攝影機和後方攝影機用遮蓋膠帶。

⑤ 局部塗裝與入墨線

▲膝裝甲下側散熱口和腳背裝甲上側凸起結構都用SEED灰來塗裝。就算稍微塗出界之後也可以刮掉，不過還是用平筆以盡量別塗出界的方式上色。

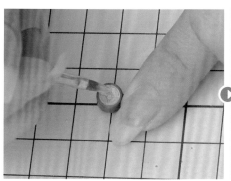

▲光束步槍的瞄準器很難只上一道色就呈現良好發色效果，因此要反覆進行塗裝→乾燥→塗裝的步驟數次才行。

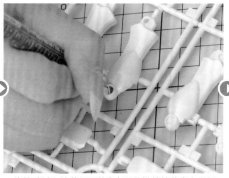

▲位於手肘和膝蓋側面的⊖字形結構就趁著尚未從框架上剪下來時，拿鋼彈麥克筆入墨線用〈灰色〉極細來塗滿顏色。

▲白色零件就拿鋼彈麥克筆高流動型入墨線筆來入墨線。選用黑色會讓整體過於醒目，因此選用灰色來入墨線。

⑥ 處理注料口時要慎重

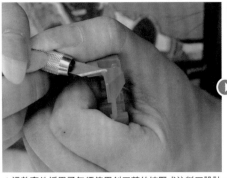 

▲這款套件採用了無須使用斜口剪的按壓式注料口設計，但殘留的注料口痕跡還是很令人在意，因此先用斜口剪加以修剪後，再按照筆刀→打磨的順序進行修整。打磨完畢後若是能用面紙再摩擦幾下，表面會顯得更為美觀喔。

⑦ 白色以外的零件呢

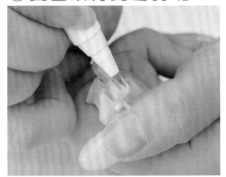

▲白色以外的零件就拿鋼彈擬真質感麥克筆來入墨線。藍色零件選用藍色1，紅色零件選用紅色1，至於黃色零件則是選用橙色1。

省事的入墨線方式

▲選用與零件相近的顏色，即可添加很自然的陰影。塗出界處也只要用棉花棒之類物品就能擦拭掉了，因此其實比高流動型入墨線筆更省事。

⑧ 將身體組裝起來

▲入墨線完畢後，即可開始組裝身體了。由於身體是設計成宛如立體拼圖的複雜構造，因此是唯一不看說明書就會難以組裝的部分。
※其實這個階段使用的是試作品，尚無正式的組裝說明書，所以組裝時很煩惱呢。

⑨ 將前裙甲分割開來

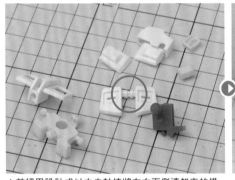 

▲前裙甲設計成以中央軸棒將左右兩側連起來的模樣，不過其實只要從中分割開來，左右兩側就能個別獨立活動了。

▲由於軸棒部位頗粗，要是拿平時剪注料口用的薄刃斜口剪來剪斷，刀刃可是會受損的，因此改用針對這類需求的備用斜口剪（久經使用的也行），事先準備這類的工具會很方便喔。

⑩ 一併處理關節零件

▲將所有關節零件都剪下來處理注料口，然後一路做到入墨線為止。

噴塗消光TOPCOAT

▲完成後將零件裝在設有夾子的支架（照片中為GSI Creos製貓手支架）上，接著噴塗消光TOPCOAT。

⑪ 用消光TOPCOAT噴塗額部零件

好像美奶滋瓶子喔～

▲先前為主攝影機零件噴塗過光澤TOP COAT，這次改為噴塗消光TOPCOAT，要先將攝影機部位遮蓋起來再進行噴塗。

要為細小零件黏貼遮蓋膠帶時，最好是事先裁切成細條狀，這樣會比較易於黏貼。

⑫處理進行局部塗裝時塗出界的地方吧

▲等進行過局部塗裝的地方乾燥後，就用筆刀把塗出界的部分給刮掉。

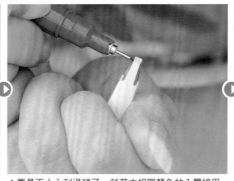

▲要是不小心刮過頭了，就藉由相同顏色的入墨線用極細來補色吧。

完成了！

▲其實還有一半啦。

⑬開始組裝臂部和腿部吧

▲開始組裝臂部和腿部囉。首先是剪下零件，接著用棉花棒為先前塗滿顏色的 ⊙ 字形結構把塗出界處給擦拭掉。另外，在組裝過程中也要一併進行入墨線作業。

⑭注料口痕跡後續處理

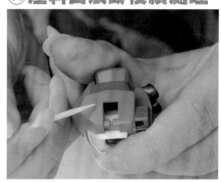

▲趁著等高流動型入墨線筆乾燥的這段期間為注料口痕跡進行後續處理，但其實也就是用鋼彈麥克筆稍微點上顏色罷了。不過這次並未使用漆筆，而是改用牙籤來執行。

這樣就行了！ 值得推薦！

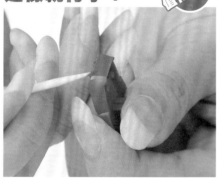
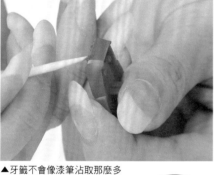

▲牙籤不會像漆筆沾取那麼多塗料，對於只要稍微點上顏色的情況來說會很方便。如果事先將前端給稍微壓扁一點的話，塗起來會更方便喔。

總覺得只要有了它就什麼都做得到呢～

⑮修正入墨線時溢出界的部分

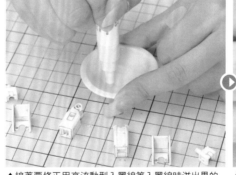

▲接著要修正用高流動型入墨線筆入墨線時溢出界的地方。先將套組中附屬的去漆筆（亦有零售版）擠一些去漆液到塗料皿裡，再用棉花棒沾取來進行擦拭。

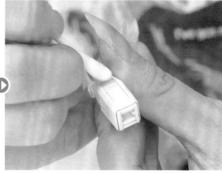

▲用棉花棒沾取過量去漆液的話，可能會誤把應該留在凹處裡的墨線也一併擦拭掉，因此要搭配面紙等物品適當地進行吸取，以便調整棉花棒的沾取量。

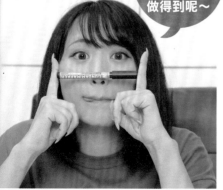

▲僅限於入墨線而已。

⑯繼續進行組裝

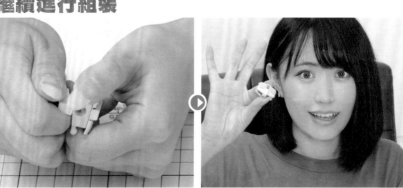

▲與各個零件相關的作業大致上都處理完畢，可以繼續進行組裝！隨著各部位逐漸成形，完成已近在眼前，令人不禁更有幹勁了。

肚子已經餓了呢～

下次會幫您準備點心的。

我要5盒Navona！

您的食慾真旺盛呢！

啊，阿姆羅，我看見時間了…

時間？馬上就要8點囉！

⑰一舉進行噴塗消光TOPCOAT

▲將零件組裝到某個程度後，裝設到貓手支架上，以便噴塗消光TOPCOAT。若是手邊沒有這類支架的話，可以像照片一樣，改為將零件固定在用封箱膠帶以內側朝外方式纏繞的竹籤之類物品上。

▲噴塗後暫且靜置一段時間。

這樣剛好！

▲確認乾燥後，貼上之前暫且擱在一旁的後方攝影機用貼紙（上色遮蓋膠帶）。

⑱離完成只剩最後一段路！

這邊該用哪個才對？

▲就只剩下組裝了！一舉進行到最後吧。話是這麼說，但似乎有點搞不懂關節零件該怎麼組裝的樣子。

這次真的製作完成囉！

▲總算完成了～花點功夫製作完成也格外感動呢。這份笑容真不錯。

無懼於失敗踏出第一步，那正是邁向進步的捷徑

用重點製作技法組裝的 ENTRY GRADE RX-78-2 鋼彈完成了。儘管每個階段的技法分開來看都很簡單，但只要累積起來就能造就如此出色的成果。當然也不是所有步驟都非做不可，請各位先從自己想要嘗試的地方踏出第一步即可。

素組

範例

■歡迎來到鋼彈模型的世界！

　這款套件即將問世的消息一公布就蔚為話題，讓我對它愛得不得了，一直期待像這樣組裝製作的日子可以早日到來呢♥　讓我感到驚訝的第一點就是零件框架構造，再來就是不需要使用貼紙和軟膠零件這個部分！從這裡可以見識到BANDAI SPIRITS公司的真本事呢！還有，隨著步驟多花點功夫去製作，看起來也確實愈來愈帥氣，最後的成就感果然非同凡響呢！這次運用素組＋一點點技法的方式來製作，真的很令人滿意呢♥

　由於ENTRY GRADE將套件精心設計得十分易於組裝，因此無論是第一次接觸鋼彈模型的人、想輕鬆愉快流暢組裝的人，抑或是小朋友們，都請各位務必要親手做看看喔！

　若是看了本章節後萌生「我也想這麼做」的念頭，那將會是我的榮幸。各位也趁這個機會一起來讓自己的模型技術更加進步吧！

◀左側是套件素組狀態，右側是本範例。經過施加局部塗裝和入墨線後，看起來確實更具機械感和立體感了呢。進一步噴塗消光TOPCOAT來整合光澤感的話，還能減少玩具感。製作到這個程度總共花費約6小時，只需要一個假日就綽綽有餘囉。

[保留零件成形色的簡易製作法]

保留零件成形色的潔淨清爽製作法

　　若是以職業模型師觀點採取保留零件成形色的簡易製作法，那麼做出來的成果會是什麼模樣呢？在此就先試著從不添加髒汙等效果的潔淨清爽製作法做起吧。擔綱解說的，正是以作工細膩精緻聞名的哀川和彥。由於使用到的工具和各式物品都和以職業模型師身分為雜誌經手範例時並無二致，因此解說的技法也是根據過往經驗與知識磨練至更高層次而成。

BANDAI SPIRIT 1/144 比例 塑膠套件 "ENTRY GRADE"

RX-78-2 鋼彈

製作・解說／**哀川和彥**

> **哀川和彥**
> 　製作速度很快，卻連細部都能做得相當精緻的中堅模型師。主要是負責最新商品的套件攻略。

本章節所需的工具&用品

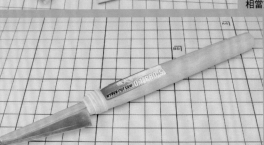

匠 TOOL 極薄刃斜口剪
（Good Smile Company）&
修飾砂紙（TAMIYA）
◀剪下零件時選用的是薄刃斜口剪。極薄刃斜口剪以具備彈性又相當耐用的塑膠製彈簧為特徵。修整平面時則是將修飾砂紙黏貼在裁切成適當尺寸的 1mm 塑膠板上來打磨。

各種 BMC 鑿刀（SUJIBORIDO）&
模型刻線針（HASEGAWA）
▶ BMC 鑿刀有著豐富尺寸且鋒利，是雕刻時的必備工具。模型刻線針取自出色工具系列「刻線模板／模型刻線針套組」，由於針尖不會於銳利，因此用來劃參考線時相當方便。

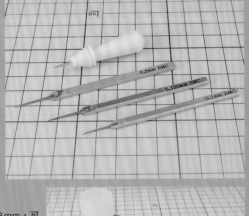

超絕切割鋸 0.1 PRO-S
（SHIMOMURA ALEC）
◀刀刃厚度僅 0.1mm，牙距為 0.3mm，可說是世界最薄的手鋸。耐用性很高，就算是細小零件也能切割開或削開。在分割零件時可說是鋒利無比。

TAMIYA 模型膠水（流動型）速乾
（TAMIYA）& **3M 海綿研磨片**（3M）
▶ TAMIYA 模型膠水（流動型）速乾的黏合力很強，乾燥也很快，相當方便好用。海綿研磨片易於密合在曲面上進行打磨，亦能裁切成適當尺寸使用。

L-2 手鑽（MINESIMA）&
20 支精密極細鑽頭套組（BIG MAN）
◀手鑽是使用 MINESIMA 製 L-2 手鑽。BIG MAN 的鑽頭有 0.2mm～1.6mm 共 20 種，可以視情況選用。

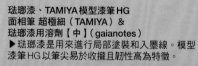

琺瑯漆、TAMIYA 模型漆筆 HG
面相筆 超極細（TAMIYA）&
琺瑯漆用溶劑【中】（gaianotes）
▶琺瑯漆是用來進行局部塗裝和入墨線。模型漆筆 HG 以筆尖易於收攏且韌性高為特徵。

水貼紙膠水、工藝用棉花棒（TAMIYA）&
反夾型鑷子 110mm（MINESIMA）
▲使用水貼紙膠水的話，即可讓水貼紙黏貼得更牢靠。溢出界處則用棉花棒擦拭掉。反夾型鑷子是只要一鬆手就能夾緊的反作用型鑷子。

特製 TOPCOAT 消光、Mr. 超級柔順消光透明漆、
PROCON BOY WA 白金 0.3 Ver.2 雙動式噴筆（GSI Creos）
▲特製 TOPCOAT 消光、Mr. 超級柔順消光透明漆都能噴塗出表面不粗糙，顯得相當沉穩的消光透明漆層。這次為了能用噴筆進行塗裝，因此選用超級柔順消光透明漆。

各種遮蓋膠帶（TAMIYA）&
微型遮蓋膠帶（AIZU PROJECT）&
圓形遮蓋貼片（HIQPARTS）
▲市面上有販售各式各樣的遮蓋膠帶，事先備齊各種款式的話，即可省下裁切的功夫喔。

② 保留零件成形色的潔淨清爽製作法

① 將頭部天線削磨銳利　將頭部天線削磨銳利是製作鋼彈模型時最基礎的細部修飾方法。

  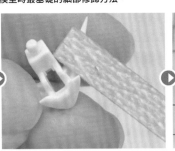

▲基於安全性的考量，天線末端都會設置安全片（塗成紅色處）。在此要將該處削掉，並且將末端削磨銳利，使形狀能更貼近設定圖稿中的模樣。

▲首先是用斜口剪把安全片給剪掉。緊貼著邊緣動剪可能會誤把零件本身挖掉一塊，或是造成白化，因此要從稍微預留一點安全片的位置。

▲將剩餘的安全片用砂紙磨平。安全片處理完畢後，就採取由天線基座往末端的方向進行打磨。由於天線末端的強度必然較差，因此要採取用手指墊在底下的方式輕輕地打磨。

素組

範例

② 讓前裙甲能夠左右獨立活動　前裙甲零件只要從中央分割開來，即可左右個別活動。

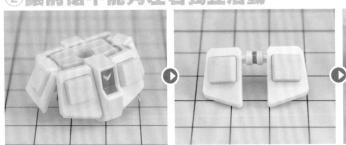 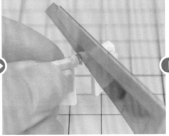 

▲前裙甲零件原本是左右相連的。左右兩邊在擺設動作時會一起掀起來，導致整體動作顯得很不自然，因此將該零件從中央分割開來，讓左右兩側能個別活動吧。幸好該零件的中央一帶較粗，就算分割開來了，兩側也不會變得過於鬆弛。

▲以刀刃垂直抵住零件表面的方式進行分割。要是不小心斜著切割，切斷面就無法筆直對準了。

▲將零件分割開來後，左右前裙甲即可個別活動，這樣一來在擺設動作時就不會顯得不自然了。

③ 修整各個面並打磨得更為有稜有角　接下來要對各個面進行打磨，使這些面能更為平整光滑，同時也令形狀顯得更為有稜有角。

重點！

▲儘管零件表面乍看之下很平坦，但其實還是會有著微幅的歪斜扭曲，稜邊也顯得有點鈍。對這些地方進行打磨後，即可讓形狀更為俐落分明。雖然這樣做會令表面的質感產生些許變化，但最後其實會噴塗TOPCOAT加以整合，所以不成問題。

▲首先是用黏貼在塑膠板上的砂紙來打磨零件正面。由於會以保留成形色為主，因此為了避免磨痕過於醒目，砂紙要選用800～1200號的。打磨訣竅在於要讓砂紙水平地抵住零件表面。等上面打磨完畢後，側面也比照辦理。

▲儘管這道作業乍看之下很單調，卻足以左右最後的完成度。看完成品或範例時如果覺得搞不懂到底有哪裡動手處理，但看起來卻明顯變帥了許多！那麼肯定是有進行過這道作業。

④ 讓形狀顯得更具立體感

將高低落差部位和刻線處重新雕刻過後，即可讓邊就於開模方式而顯得太淺的結構更具立體感。

重點!

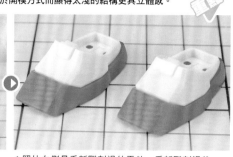

▲視零件而定，有些細部結構是以高低落差或刻線來呈現。將這類部位重新雕刻後，即可讓形狀顯得更為俐落分明。

▲一開始先採取用BMC鑿刀沿著既有刻線輕輕割過的方式來重新雕刻。另外，如果直接對著一體成形或僅有高低落差結構之類的部位進行雕刻，刀尖可能會一不小心就偏開，因此必須先用模型刻線針之類工具稍微劃出參考線，再正式進行雕刻。

▲照片左側是重新雕刻過的零件。重新雕刻過後，就算原本是一體成形的零件也會更具立體感，而且還會看起來像是由不同零件所構成。此外，也具有在後續進行入墨線的作業時，能夠讓墨線更易於滲流的效果。

⑤ 讓手掌零件變成握拳狀零件吧

由於套件中附屬的手掌零件只有持拿武器用版本，因此接下來要花點功夫，讓它們也能變成握拳狀版本。

值得推薦!

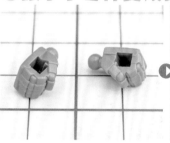

▲套件中附屬的手掌零件只有持拿武器用版本，接下來要讓它們在為持拿武器時能作為握拳狀的使用。

▲這部分會使用到手掌零件原有零件框架上的框架標示牌。先將標示牌從框架上給剪下來，再把數字和文字都用砂紙磨平。這樣一來就會變成和手掌零件顏色相同的塑膠板了。

▲將裁切成適當尺寸的框架標示牌堆疊黏合起來，再打磨修整過後，也就成了可以自由裝卸的填補零件。由於成形色相同，看起來毫無不協調感。

⑥ 處理接合線

由於組裝零件後會留下的接合線並不存在於設定圖稿中，因此要將該處黏合起來進行無縫處理。

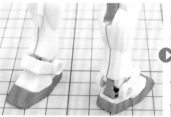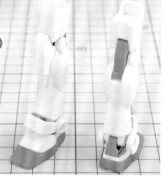

▲小腿正反兩面在中央都留有不存在於設定圖稿裡的零件接合線（塗成紅色處）。由於位在中央實在醒目了點，因此要把接合線去除掉。

▲為了能在保留零件成形色的前提下確實去除接合線，因此先將零件撐開約0.1mm的縫隙，再用模型膠水從該處進行滲流。這樣一來，零件的接合面就會稍微被溶解，只要將零件重新拼裝密合就能擠出由塑膠樹脂構成的溢膠。接著就在這個狀態下靜置等候2天。

▲▶將溢膠處給打磨平整。若是屬於曲面的部位，那麼用海綿研磨片來打磨會比較方便。打磨完畢後會發現，原本位於中央的接合線已不復存在。由於這次選用了溶劑系的模型膠水，因此能藉由溶解塑膠達到溶解黏合的效果，讓接合線能變得毫不醒目。

⑦ 經由局部塗裝重現細部的配色

接著是經由局部塗裝來重現套件並未做出應有配色的地方。雖然會用噴筆來進行塗裝，不過關於噴筆請見自P.44起的詳細說明。

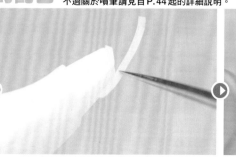

▲有些零件需要進一步補上顏色才能更貼近設定圖稿中的形象。接下來要用噴筆和漆筆來為這類零件進行局部塗裝。

▲不用塗裝也行的部位就貼上遮蓋膠帶。由於膝裝甲側面散熱口周圍可供黏貼遮蓋膠帶的面積很小，因此要選用極細型的來黏貼。黏貼時要避免遮蓋膠帶翹起導致造成空隙，一定要確保能夠密合。等周圍黏貼完畢後，即可改用較寬的遮蓋膠帶貼住其他不希望沾附到塗料之處。

② 保留零件成形色的潔淨清爽製作法

▲光束步槍的瞄準器和腳底噴射口等圓形部位就改貼圓形款遮蓋膠帶。由於這次挑的產品有許多不同尺寸可選用，無論是要黏貼圓的內側或外側都很方便。

▲遮蓋完成。遮蓋時其實另有曲線型遮蓋膠帶和遮蓋液之類產品可選用，因此視所在部位而定，採取最合適的方式進行遮蓋吧。

▲塗裝前要再次確認有無遺漏遮蓋之處，或是有沒有應黏貼住卻翹起來的地方等狀況。等確認無誤後才能進行塗裝。

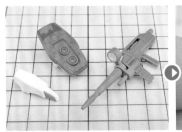  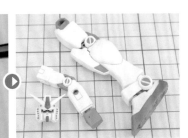

▲這就是塗裝後剝除遮蓋膠帶的狀態。看起來塗裝得很不錯呢。由於這次是進行局部塗裝，因此要是發現有塗料溢出界，就用沾取了溶劑的棉花棒將該處擦拭掉吧。

▲有些造型較複雜，或是需要另行上色的細小部位會難以用噴筆進行塗裝。這時就改拿漆筆沾取稀釋的琺瑯漆來筆塗上色吧。將雙眼感測器周圍塗裝成消光黑後，臉孔看起來就顯得更為精緻了呢。

▲頭部和各細部結構等處分色塗裝後，不僅視覺資訊量明顯增加，看起來也更具寫實感了。由於想要一舉為所有部位分色塗裝會相當辛苦，因此建議從易於上色的地方挑戰起。

⑧ 藉由入墨線來凸顯立體感　為刻線和高低落差結構入墨線後，看起來會更具立體感喔。

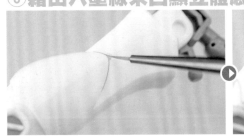  

▲用琺瑯漆為刻線和具有高低落差的細部結構入墨線吧。只要用面相筆沾取經過稀釋的琺瑯漆，再輕輕點在這類部位上，塗料會在毛細管現象的作用下自動進行滲流。事先對各細部結構和刻線進行重新雕刻的話，墨線也會滲流得更順暢。

▲儘管用漆筆輕點上的部位會有塗料溢出，不過也只要用沾取了琺瑯漆溶劑的棉花棒擦拭掉即可。

▲即便入墨線前會覺得好像少了點什麼，但入墨線後就會讓這類地方顯得像是由不同零件組成的一樣。而且還能令整體給人更為精緻的印象呢。

⑨ 為光束步槍的槍口鑽挖開孔　由於光束步槍零件原本是將槍口做成堵住狀，因此要經由鑽挖開孔作為細部修飾。

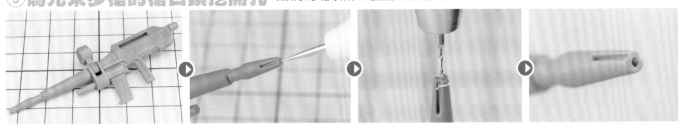

▲套件中的光束步槍並未真正做出槍口造型。這樣一來會顯得欠缺寫實感，因此自行為槍口鑽挖開孔吧。

▲儘管要用手鑽來開孔，但要是直接鑽挖的話，鑽尖可能會偏開，導致開口偏離中心線，因此要事先用刻線針等尖銳物品鑿個參考孔。這方面只要稍微鑿出一個小孔，讓鑽尖不會偏開即可。

▲以參考孔為準進行鑽挖吧。要是直接就拿尺寸剛好的鑽頭來開孔，對零件會造成太大的負荷，因此要先拿尺寸較小的鑽頭來開孔，接著再逐步擴孔。鑽挖開孔時也要注意確保鑽頭維持垂直，不要有任何歪斜。

▲槍口鑽挖完成的狀態。相較於鑽挖開孔前的狀態，這樣確實好看許多。對於做模型來說，手鑽是有準備一份就會很方便的工具，因此相當推薦買來備用喔。

⑩ 從其他套件沿用光束軍刀 由於套件中的光束軍刀並未附屬光束刃，因此就從其他的套件沿用吧。

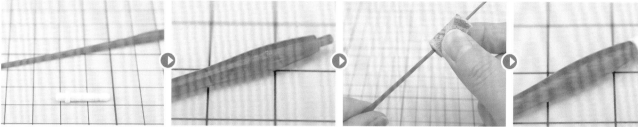

▲套件中的光束軍刀並未附屬光束刃，要從其他的套件沿用。幸好刀柄上原本就開有裝設光束刃用的孔洞，只要插上光束刃零件就行了。

▲儘管並不是很醒目，但仔細一看還是會發現剪下零件時的注料口痕跡和分模線。這部分就用海綿研磨片來處理吧。由於不需要塗裝，因此一開始就用中等號數的把分模線給磨掉，接著改用較大號數的做進一步的研磨。

▲磨掉注料口痕跡和分模線後，看起來比原先的模樣更具透明感了。儘管是很枯燥的作業，卻能夠有效提高完成度。

⑪ 利用另行販售的水貼紙來添加細部修飾 接下來要使用內含各種機身標誌，屬於另行販售商品的鋼彈水貼紙。

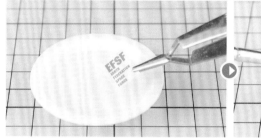  

▲用鑷子夾取裁切開來的水貼紙，浸泡到裝了水或溫水的皿碟（使用塗料皿之類物品也可以）中約10秒。

▲水貼紙一旦能從底紙上挪動就會變得很滑，因此要用沾了水的平筆把水貼紙挪動到打算黏貼處。

▲確認黏貼位置無誤後，就用棉花棒在表面滾動，藉此把裡頭的氣泡和水分給擠出來。要是在水裡浸泡過頭，原有的背膠可能會因為被溶解而流失掉，這時就得搭配水貼紙膠水之類的物品來輔助黏貼。

 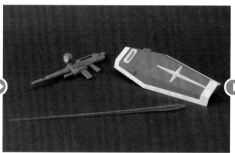 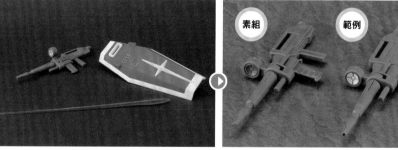

▲水貼紙黏貼完畢後要靜置1～2天等候乾燥。水貼紙可說是能輕鬆增加視覺資訊量的方便物品。為護盾之類面積較大處黏貼水貼紙更是效果十足。

▲武器類完成。經過施加局部塗裝和黏貼水貼紙後，完成度明顯比純粹組裝起來好上許多。

⑫ 噴塗 TOPCOAT 作為完工修飾同時整合光澤度 製作、入墨線、局部塗裝、黏貼水貼紙等作業都完成後，就為整體噴塗 TOPCOATM，藉此整合光澤度吧。

 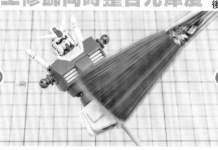 

▲直接用手拿著套件會難以噴塗 TOPCOAT，因此要用鱷魚夾搭配竹籤來製作出支架。另外，為了便於噴塗起見，最好先將套件適當地拆解成幾個區塊，這樣較易於處理。

▲用刷子清理掉沾附在零件上的灰塵之類碎屑。要是在沾附著灰塵的情況下就噴塗 TOPCOPAT，之後補救起來會很費事，因此一定要仔細清理乾淨才行。

▲這次改用噴筆來噴塗超級柔順型透明漆消光。儘管剛噴塗完畢時還會帶有些許光澤感，但在乾燥後就不復存在了。這樣一來，無論是經過修整的面，還是經過打磨的地方，在質感表現上都能取得整體感。

21

② 保留零件成形色的潔淨清爽製作法

素組

範例

▶左側是套件素組狀態，右方是範例。修整過面構成之後，使得面與面之間的界線變得更為俐落。另外，還重新雕刻了原有細部結構的高低落差處和刻線，因此會比套件素組狀態更易於入墨線。效果也更為清晰分明。追加機身標誌亦令整體顯得更具寫實感，經由無縫處理減少了玩具感更是重點所在。

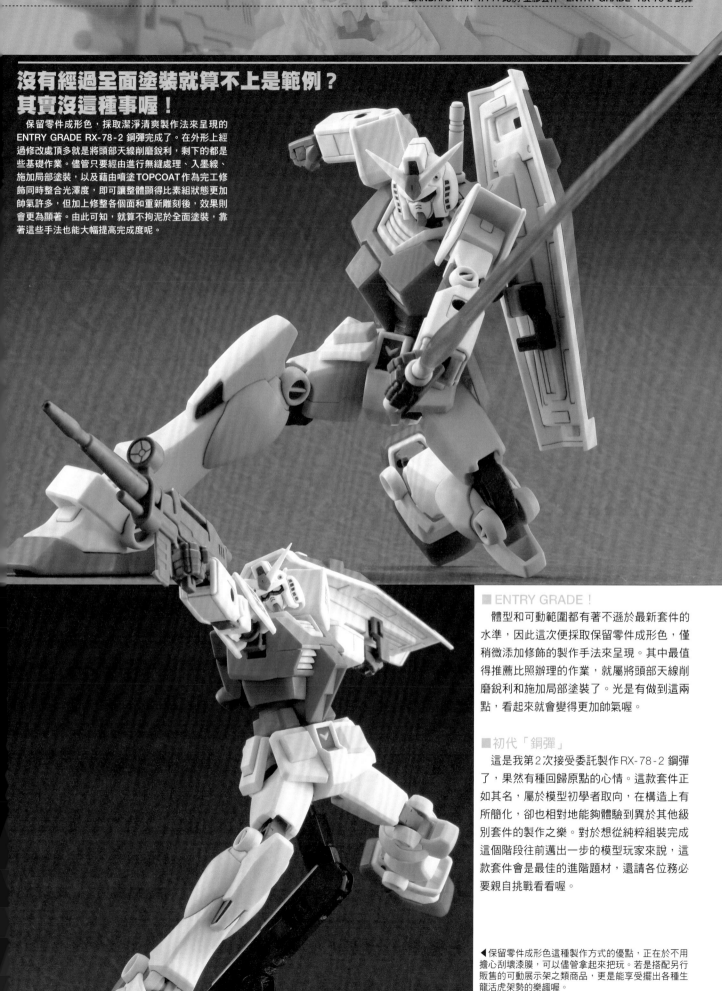

沒有經過全面塗裝就算不上是範例？
其實沒這種事喔！

　保留零件成形色，採取潔淨清爽製作法來呈現的
ENTRY GRADE RX-78-2 鋼彈完成了。在外形上經
過修改處頂多就是將頭部天線削磨銳利，剩下的都是
些基礎作業。儘管只要經由進行無縫處理、入墨線、
施加局部塗裝，以及藉由噴塗 TOPCOAT 作為完工修
飾同時整合光澤度，即可讓整體顯得比素組狀態更加
帥氣許多，但加上修整各個面和重新雕刻後，效果則
會更為顯著。由此可知，就算不拘泥於全面塗裝，靠
著這些手法也能大幅提高完成度呢。

■ ENTRY GRADE！

　體型和可動範圍都有著不遜於最新套件的
水準，因此這次便採取保留零件成形色，僅
稍微添加修飾的製作手法來呈現。其中最值
得推薦比照辦理的作業，就屬將頭部天線削
磨銳利和施加局部塗裝了。光是有做到這兩
點，看起來就會變得更加帥氣喔。

■ 初代「鋼彈」

　這是我第 2 次接受委託製作 RX-78-2 鋼彈
了，果然有種回歸原點的心情。這款套件正
如其名，屬於模型初學者取向，在構造上有
所簡化，卻也相對地能夠體驗到異於其他級
別套件的製作之樂。對於想從純粹組裝完成
這個階段往前邁出一步的模型玩家來說，這
款套件會是最佳的進階題材，還請各位務必
要親自挑戰看看喔。

◀ 保留零件成形色這種製作方式的優點，正在於不用
擔心刮壞漆膜，可以儘管拿起來把玩。若是搭配另行
販售的可動展示架之類商品，更是能享受擺出各種生
龍活虎架勢的樂趣喔。

[保留零件成形色的簡易製作法]

保留零件成形色
並簡單施加舊化

　　繼保留零件成形色的簡易製作法之後，接著要介紹如何簡單地施加舊化。擔綱解說的，正是以身為輕鬆愉快做模型派的傳教師聞名，對於向來欠缺製作時間的模型玩家來說，宛如希望之星般指點明路的らいだ～Joe。明明是採取保留零件成形色的簡易製作法，但施加舊化後竟能擁有等同於經過全面塗裝的完成度，各位可知道這兩種要素其實十分契合嗎？

BANDAI SPIRIT 1/144比例 塑膠套件 "ENTRY GRADE"

RX-78-2 鋼彈
製作・解說／らいだ～Joe

> **らいだ～Joe**
> 　隨著在2020年推出第一本著作後，知名度也跟著水漲船高的職業模型師之一。座右銘是「輕鬆地享受製作鋼彈模型之樂」。

本章節所需的工具&用品

◎輕鬆製作五大工具用品套組

❶鋼彈麥克筆 擬真質感麥克筆 棕色與神筆
❷特製TOPCOAT 消光
❸水性HOBBY COLOR 燒鐵色
❹TAMIYA舊化大師〈D套組〉
❺自製橡膠墊海綿研磨片

　　這是能用來做出らいだ～Joe式「輕鬆添加汙漬」效果的五大基本工具用品套組。全部加起來的總價在2000日圓以內。「神筆」其實只是拿已經用到再也擠不出任何墨水，筆頭也磨損到變圓鈍的擬真質感麥克筆來重新利用罷了。燒鐵色明是金屬漆卻屬於消光質感，這是筆者模型人生中不可或缺的塗料。特製TOPCOAT的粒子很細膩，不太會產生白化現象，對於想表現「黑得剛剛好的消光黑」來說是絕佳用品。正因為表面呈現消光質感，易於吸附住用來添加汙漬的各種材料，是絕對不可或缺的用品。

各種水性HOBBY COLOR＆特製TOPCOAT（GSI Creos）
◀因為是水性，所以能夠用水清洗掉，這是最大的優點。稀釋時則是要搭配專用溶劑。基本上是使用特製TOPCOAT，但要做徹底一點的汙漬時也會使用藍色罐裝版TOPCOAT（水性噴罐）消光。

鋼彈麥克筆 擬真質感麥克筆
藍色1、紅色1、橙色1、灰色3（GSI Creos）
▲有著從入墨線到添加汙漬，以及在銀色表面塗佈透明色來營造金屬質感等各種使用方法，可說是萬能的麥克筆。擬真質感麥克筆運用到最後的「終極形態」乃是「神筆」，這也是らいだ～Joe式輕鬆添加汙漬時不可或缺的工具。由於塗料是水性的，就算塗佈在關節部位上也不會造成塑膠劣化破裂，可以儘管放心使用。

各種鋼彈麥克筆（GSI Creos）
▲這是不僅能作為重點部位的點綴色，還能輕鬆地用來營造出金屬質感表現的酒精系塗料。有很多顏色只能透過購買特定套組的方式取得，因此手邊總是會剩下某些相同的顏色……在筆蓋上註明開始使用的日期會有助於管理喔。

各種TAMIYA舊化大師（TAMIYA）
▲這是將質感粉末（粉彩）製作成一整塊，類似化妝品的產物。只要用附屬的筆刷和海綿筆沾取，就能透過塗抹的方式著色。只要先從購買D套組使用起，即可踏入豐富多變的添加汙漬世界喔。

自製橡膠墊海綿研磨片
▲在嘗試過數十種海綿研磨片後，獲得的結論就是這種自製橡膠墊海綿研磨片。EPDM（三元乙烯丙烯橡膠）這種材質有著類似橡膠的質感，在拍塗時可以像是包覆住零件一樣，形成很自然的斑駁效果。

ビギナーでもうまくいく！
ガンプラお気楽製作ガイド らいだ～Joe 著

○輕鬆做模型的方法盡在本書中！

在輕鬆做模型方面能派上用場的工具用品、能徹底省時的輕鬆製作鋼彈模型技法＆塗裝技巧均收錄於本書中。前述的「神筆」培育法亦囊括在裡頭，請各位務必要找來看看喔。亦有推出電子書版本。

棉花棒與鑷子
▲這是在黏貼水貼紙時會用到的。一次購買3支，再經由實際使用從中挑出最順手的一支，這也是不錯的選擇方法。

筆刀＆自製墊片砂紙＆鑽石銼刀
▲筆刀的使用方法相當多樣化。可以用來刺破水貼紙底下的氣泡，也能用來刨刮掉分模線。自製墊片砂紙是江180號、320號砂紙用雙面膠帶黏貼在較硬的橡皮擦上而成。由於稍微具有一點彈性，因此在打磨時也較能靈活運用。鑽石銼刀則是在百圓商店買到的一般產品。

模型初學者也能輕鬆地做到！鋼彈模型輕鬆愉快製作法指南（ビギナーでもうまくいく！ガンプラお気楽製作ガイド，暫譯）
●發行商／HOBBY JAPAN ●1500日圓 ●A4開本，全彩共96頁

③ 保留零件成形色並簡單施加舊化

① 首先是在零件框架狀態下塗裝
說到らいだ～Joe式簡易製作法，從零件框架狀態開始進行塗裝可說是基礎所在。　值得推薦！

▲內部零件按慣例來說會用簡易噴漆組來塗裝水性HOBBY COLOR的燒鐵色，但這次算是入門篇，因此採用筆塗方式上色。這方面用不著特別在意什麼，只要儘管上滿顏色就好♪

▲由於零件分色設計相當完美，因此有些屬於內部零件的地方會被規劃到紅藍白等主要顏色部位那邊。這類地方當然也要塗裝成燒鐵色。畢竟之後擺設動作架勢拍照時，內部零件被隱約窺見，其實還滿醒目的，要是不這麼做會顯得不太協調。

▲肩甲主體靠近身體的這一面也要塗裝成燒鐵色……光是把這邊塗裝好，看起來就會像MG一樣是由不同零件組成的呢。

▲擺設動作架勢時有可能會被看見的關節內側也要塗裝燒鐵色。既然連外裝零件都變髒了，要是內側還很乾淨的話，看起來會很奇怪，而且這樣做也能發揮讓整體顯得更精緻的效果。

② 利用水貼紙添加裝飾
和施加舊化塗裝相仿，黏貼水貼紙也是能凸顯出「寫實感」的手法之一。

▲這次選用了「HJ模型玩家水貼紙 標準套組01」來添加裝飾。由於灰色算是黏貼在深色零件上也能發揮良好發色效果的明亮顏色，因此白色系零件選用黑色的可能會比較好。

▲將水貼紙浸泡在裝了水的塗料皿裡，然後撈起來放在面紙上約1分鐘。等水貼紙從底紙上浮起來時，那就是可以用來黏貼的時機了。

▲用鑷子連同底紙夾取起來，再用牙籤把水貼紙挪動到打算黏貼的地方並微調位置。牙籤不太會損及水貼紙和漆膜（況且這次並未施加塗裝），因此意外地值得推薦使用。最後用面紙按壓以吸取水分，這樣一來就黏貼完成了。

③ 為各部位散熱口入墨線
由於之後能擦拭掉，因此可儘管放手去入墨線。

▲屬於鋼彈臉部象徵的鼻頭處「へ」字形溝槽就先用擬真質感麥克筆 灰色3整個抹過去，然後再用指頭唰地擦拭一下，這樣只有塗料殘留在溝槽裡的入墨線作業就完成了。

▲頭部側面散熱口也是按照相同要領入墨線。另外，由於尚未噴塗消光漆，墨水並不會滲染暈開，能順利地純粹擦拭掉塗界外的部分。殘留在周圍的塗料也只要用美耐皿海綿（科技海綿或是改用自製橡膠墊海綿研磨片）來擦拭，即可完美處理乾淨。

④ 組裝以及對零件進行加工
ENTRY GRADE無須使用斜口剪就能進行組裝。在此姑且無視注料口痕跡，以省時為優先！

▲為了完成前置作業，在陽台用特製TOPCOAT消光噴塗覆蓋整體。到目前為止的作業總共需要花約30分鐘。如果水性燒鐵色不是用筆塗方式上色的話，更是只要幾分鐘就能完成前置作業了。

▲無須使用斜口剪，徒手就能把零件扳下來♪　只要拿好框架部分，再用拇指從零件背面一按！即可像是扳開東西似地逐一把零件取下來。由於這類注料口相當細，有時即便並沒有打算取下，但只要稍微受到來自外部的壓力，零件就會從框架上脫落，還請特別留意這點。

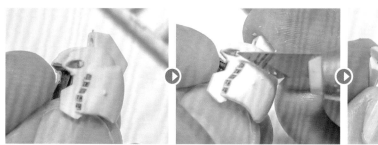

▲取下零件時，無論如何都會留下很小的「注料口痕跡」。儘管只要用指甲稍微搖刮該處就會變得不太醒目，但這裡剛好也有分模線，因此乾脆用筆刀刨刮平整。如同照片中所示，要採取將刀刃垂直立於分模線上的方式來回移動。不過為了安全起見，最好還是用砂紙來打磨平整。

▲這是本範例唯二稱得上經過「改造」之處。也就是剪掉天線的安全片，以及把前裙甲零件分割開來。好的！只要用斜口剪對準位置剪下去就行了呢……啊！才剛說過不必使用到斜口剪的說……

⑤ 從這裡開始進行舊化塗裝

先將零件組裝到一定程度再進行，這樣能有效避免不必要的部分沾附到塗料。

▲用水性HOBBY COLOR燒鐵色搭配海綿片，施加大家所熟知的拍塗作業「海綿掉漆法」。這次施加範圍僅控制在最低限度。其實就算省下這道作業也已經夠帥氣了，這只是刻意弄髒而已，因此要不要比照辦理全憑個人喜好決定囉♪

▲腳掌零件上也留有微幅的注料口痕跡，不過只要稍微用海綿拍塗一下就能蒙混過去囉♪

▲腳底的凹槽姑且維持原樣！不過亦利用燒鐵色和鋼彈麥克筆 擬真質感麥克筆來為細部結構添加裝飾。噴射口是先用鋼彈麥克筆EX 細緻銀來塗裝，接著陸續用擬真質感麥克筆 藍色1、紅色1、黃色1分別上色，這樣看起來就挺有那麼一回事了。

▲推進背包的主推進噴嘴也是先用鋼彈麥克筆EX 細緻銀塗裝，再用擬真質感麥克筆 藍色1來塗裝。

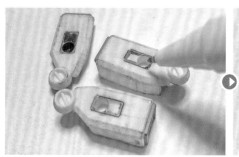

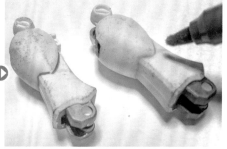

▲前臂處用來連接護盾的圓形孔洞總令人覺得不太搭調，因此接下來要用擬真質感麥克筆 灰色3將該處塗滿顏色。不用擔心塗出界，儘管塗上顏色就對了。

▲接著將孔洞部位改用筆頭較粗的來上色，對著該處插進去再轉動一下之後……

▲有些面與面交界處呈現凹狀，接下來要為這類部位添加自然的陰影。首先是用擬真質感麥克筆 棕色1沿著該處描繪上色。

③ 保留零件成形色並簡單施加舊化

▲關於零件不僅塗裝為燒鐵色，還將上側的一部分塗成金色作為點綴。雖然使用金色添加點綴對於潔淨清爽製作法來說會不太搭調，不過使用在舊化塗裝和金屬漆上倒是十分相配。

▲再來是用神筆沿著剛才拿擬真質感麥克筆上色過的地方將塗料抹散開來。這樣就能一舉完成入墨線＋舊化，可說是一石二鳥。

▲用神筆將塗料充分抹散開來後，再用美耐皿海綿擦拭表面，這樣一來塗料就會自然地只留在凹處裡。

▲以稜邊部位，尤其是零件彼此銜接處為中心，多塗抹一些舊化大師〈D套組〉的「油漬色」。此時必須留意採取由上而下的方向進行塗抹。將零件組裝起來後，要記得用美耐皿海綿將周圍多餘的油漬粉彩給擦拭掉。這樣就只有深處會殘留舊化大師的粉彩，得以凸顯出立體感。

▲零件之間的接合面則是要塗上擬真質感麥克筆 棕色1。儘管這部分也可以先組裝，再用擬真質感麥克筆來入墨線，但無論筆尖再細也沒辦法連同深處都上到顏色，而導致溝槽深處殘留著白色。

▲胸部散熱口和襟領的凹狀結構也都先用擬真質感麥克筆 棕色1豪邁地塗上顏色，再用神筆將塗料抹散開來，最後用美耐皿海綿擦拭，這樣一來入墨線和添加汙漬的作業就完成了。按照這種要領，為所有零件添加汙漬後，即可全數組裝起來。

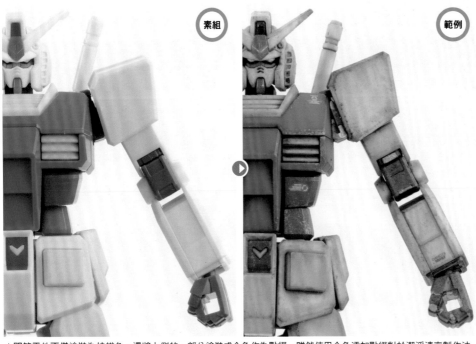

素組　範例

▲關節零件不僅塗裝為燒鐵色，還將上側的一部分塗裝成金色作為點綴。雖然使用金色添加點綴對於潔淨清爽製作法來說會不太搭調，不過使用在舊化塗裝和金屬漆上倒是十分相配。

▲光束步槍的瞄準器是先用鋼彈麥克筆EX細緻銀上色，等乾燥後再用擬真質感麥克筆橙色1來塗裝，這樣就能完成亮晶晶的瞄準器了。由於擬真質感麥克筆的塗料為半透明狀，因此只要塗佈在銀色表面就會呈現如同金屬漆的效果，可說是十分方便好用呢。

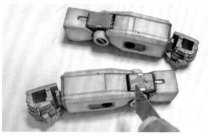

▲光束步槍也能用相同手法做出更具水準的表現喔。首先同樣是用擬真質感麥克筆棕色1進行塗裝,再用神筆將塗料抹散開來。

▲用美耐皿海綿擦拭過後,再用舊化大師〈D套組〉的「燒灼藍」進行拍塗上色,即可營造出金屬感。這個要領使用在噴射口上也行喔。

⑥要輕鬆愉快地做到最後,但可不能偷懶馬虎喔

再來是進行意外效果十足的細部作業和塗裝。因為好奇,所以想試試看!就算只是抱持著這種想法也行喔。

▲隨著將各部位逐漸組裝起來,肘關節處也變得令人頗為在意。該處的注料口痕跡和分模線都很醒目,因此先用筆刀將該處刨刮平整。這部分也是改用砂紙來磨平會比較輕鬆且安全呢。

▲護盾也是同樣輕鬆地施加舊化。以稜邊部位和溝槽處為中心,豪邁抹上舊化大師〈D套組〉的「油漬色」即可。萬一覺得塗抹過頭了,其實也只要用美耐皿海綿去擦拭調整就好。

▲筆者向來是最後才製作頭部。結果忘記還有這裡得處理了……沒錯,忘了為頭部火神砲上色。先將鋼彈麥克筆 金色的塗料擠一些到塗料皿裡,再用牙籤沾取來逐步點上顏色。關節各部位的凹處也同樣是用牙籤來追加塗裝。光是這麼做,就會顯得更具立體感,也會令整體顯得更為精緻。

這真的很適合輕鬆愉快地製作呢

保留零件成形色,採取簡單地添加舊化來呈現的 ENTRY GRADE RX-78-2 鋼彈完成了。儘管經常聽到有人抱怨「明明說是簡易製作法,但根本一點都不簡單啊!」,但這確實是很簡單的製作方法喔。確實也有人說不過就是用舊化來蒙混罷了,但輕鬆愉快做模型的真正宗旨,原本就在於享受製作模型的「樂趣」。因此無論是多麼簡單的製作法,要是無法從中享受到樂趣的話,那就稱不上是輕鬆愉快了呢。

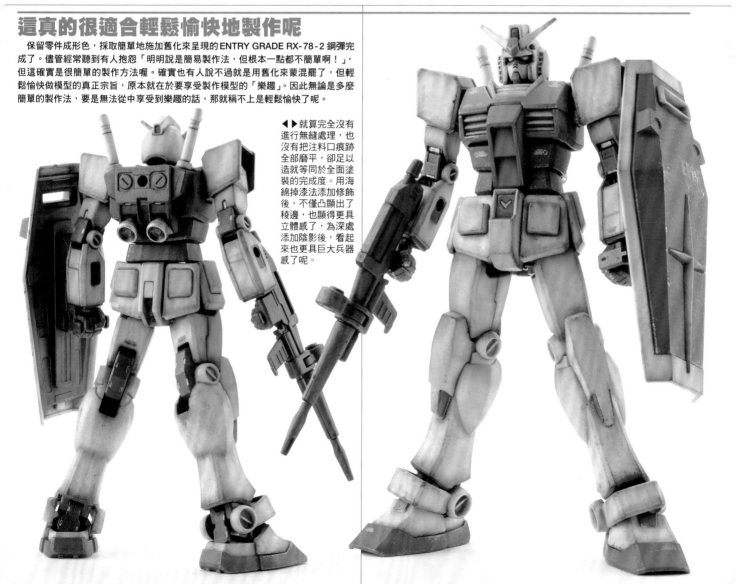

◀▶就算完全沒有進行無縫處理,也沒有把注料口痕跡全部磨平,卻足以造就等同於全面塗裝的完成度。用海綿掉漆法添加修飾後,不僅凸顯出了稜邊,也顯得更具立體感了,為深處添加陰影後,看起來也更具巨大兵器感了呢。

③ 保留零件成形色並簡單施加舊化

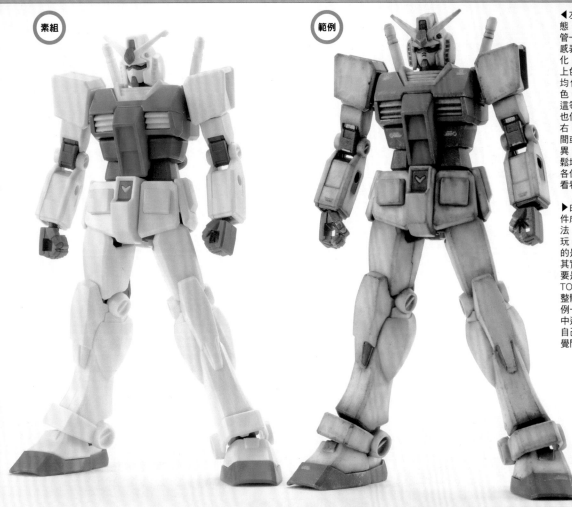

素組

範例

◀左側是套件素組狀態，右方是範例。儘管一眼即可看出在質感表現上有著顯著變化，但除了針對細部上色以外，其餘部位均保留著零件成形色。而且即便做出了這等差異，花的時間也僅僅只要3小時左右。每個人得花的時間或許多少會有所差異，但確實能夠很輕鬆地製作完成，希望各位務必要親自嘗試看看。

▶由於採取了保留零件成形色的簡易製作法，能夠盡情地把玩。但必須特別留意的是，舊化塗裝本身其實也很容易剝落。要是沒有事先好好用TOPCOAT噴塗覆蓋整體，就會像這件範例一樣，在把玩過程中逐漸變乾淨，還讓自己的手指在不知不覺間舊化……

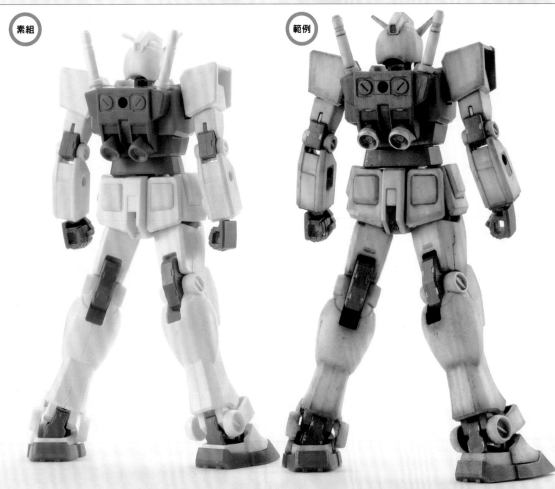

素組

範例

■興奮開心！「輕鬆愉快地製作」

　本次主題在於「保留成形色且不施加改造」。由於不會進行無縫處理，無論是第一次製作鋼彈模型的人或小朋友應該都辦得到。關節、光束步槍、裝甲內側的關節部位都先筆塗燒鐵色水性塗料。黏貼好作為裝飾的水貼紙，再用特製TOPCOAT（消光）噴塗覆蓋過後，前置作業就完成了！這些當然都是維持在零件框架的狀態下進行。將所有零件逐一取下並組裝起來後，即可輕鬆愉快地開始弄髒了。這次僅在最低限度內施加海綿掉漆法，主要是用擬真質感麥克筆和舊化大師來添加汙漬。

■入門套件所蘊含的可能性

　尊重「無須使用斜口剪」的產品特色，這次（幾乎）沒有使用到斜口剪。儘管一開始需要一點訣竅，不過只要拿好框架，再靠拇指在零件背面一按，零件就會從框架上脫落。雖然會留下微幅的注料口痕跡，但只要用指甲在該處搔刮一下就看不出來了。不僅最適合第一次接觸鋼彈模型的人，當成向更高層次的技術挑戰，或是嘗試無縫處理或改造的入門套件也都很不錯呢。

能將照片拍得更帥氣的 鋼彈模型姿勢擺設講座

將鋼彈模型製作完成後，接著應該就是擺出帥氣的站姿或動作架勢來展示了吧。現今在模型展示會和社群網站等場合都能發表作品，讓自身作品給別人欣賞的機會增加了不少。各位難道不想趁機幫作品擺個威風凜凜的架勢，讓所有看到的人都會「哦！」地讚嘆出聲嗎？

在本章節中將會解說為 HOBBY JAPAN 月刊等書籍拍攝刊載用的照片時會注意哪些事項。只要能掌握住這些重點，任誰都能拍攝出帥氣無比的照片喔。

（解說／HOBBY JAPAN 編輯部 矢口英貴）

為鋼彈模型擺設動作架勢的首要前提

為鋼彈模型擺設動作架勢的首要前提，就在於必須意識到「MS 是人型」的這件事。儘管也有一部分機體的外形稱不上是人型，但這類機體也仍會具有一大半與人型相仿的部分。因此一旦擺出人體做不到的動作，看起來就會顯得很奇怪。儘管因為是機器，所以頭部應該能夠往後轉動180度，手肘或許也能整個往後彎曲才對，但這樣的姿勢當真稱得上是帥氣嗎？

想要擺設動作架勢時，不妨先用自己的身體嘗試看看。這樣一來應該就能察覺哪些部位該擺出使勁的模樣，又有哪些地方會顯得不自然了。

基礎中的「站姿」

首先就從擺設「站姿」著手。要是沒辦法做到把最基礎的站姿擺得四平八穩，也就無從掌握該如何讓姿勢取得協調感，那麼往後無論想擺出多麼帥氣的動作都會顯得歪七扭八。

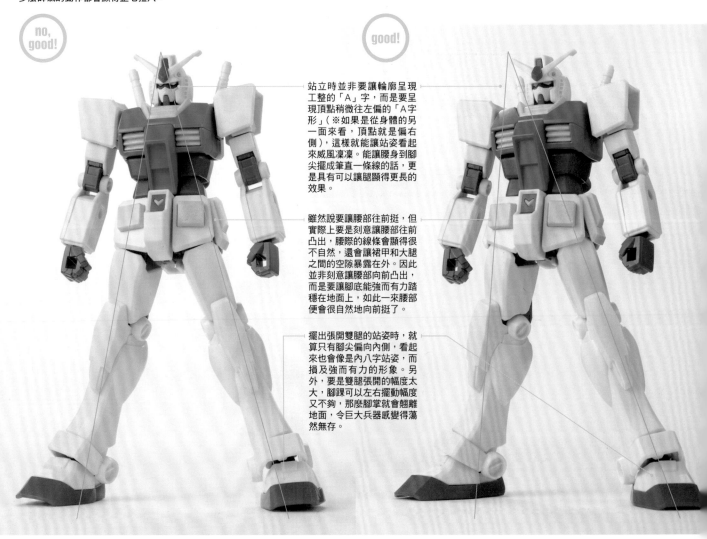

站立時並非要讓輪廓呈現工整的「A」字，而是要呈現頂點稍微往左偏的「A字形」（※如果是從身體的另一面來看，頂點就是偏右側），這樣就能讓站姿看起來威風凜凜。能讓腰身到腳尖擺成筆直一條線的話，更是具有可以讓腿顯得更長的效果。

雖然說要讓腰部往前挺，但實際上要是刻意讓腰部往前凸出，腰際的線條會顯得很不自然，還會讓裙甲和大腿之間的空隙暴露在外。因此並非刻意讓腰部向前凸出，而是要讓腳底能強而有力踏穩在地面上，如此一來腰部便會很自然地向前挺了。

擺出張開雙腿的站姿時，就算只有腳尖偏向內側，看起來也會像是內八字站姿，而損及強而有力的形象。另外，要是雙腿張開的幅度太大，腳踝可以左右擺動幅度又不夠，那麼腳掌就會翹離地面，令巨大兵器感變得蕩然無存。

在地面上的射擊姿勢

接著要說明在地面上的射擊姿勢。位於地面時最重要的事情就是「有重力存在」。因此必須設想到擁有巨大質量的物體在行動時會造成哪些影響。

儘管鋼彈是主角機，應該要擺些醒目點的動作架勢才對，但大幅伸展肢體只會成為敵方攻擊的絕佳目標。應該要盡可能減少會被敵方看到的面積，這樣才能降低中彈率。另外，要是把腿張得像左圖中那麼開，會難以立刻採取下一步行動。因此應該要適度張開雙腿並稍微彎曲膝蓋，以便能立刻進行迴避之類的行動。

儘管並不限於地面上，但光束步槍應該要將槍口對準視線的前方才對。由於鋼彈的雙眼感測器並不像人類一樣具有瞳孔，因此將視線方向與光束步槍的槍口對準在一起，看起來會更像是瞄準了目標在進行攻擊。

腿張得太開會導致腳底無法貼地。這樣一來用具備高威力的光束步槍開火後，有可能會受後座力的影響而摔倒。既然是身處在有重力的環境下，那麼擺出踏得四平八穩的姿勢會更具說服力。

用光束軍刀進行近身戰

接著來看看使用光束軍刀的近身戰鬥架勢吧。儘管並不是完全沒有，但在重力環境下戰鬥時，幾乎不會出現雙腳踏在地面上揮舞光束軍刀的情況。架勢愈具動感，腳掌就愈不會接觸到地面，勉強讓腳踏在地上只會損及整體的動感。

雖然配合手掌零件的方向讓臂部轉向外側，但以人體的動作來看，就算手掌轉向外側，手肘彎曲的部分也不會朝向外側。頂多只是朝向上方，但這樣的姿勢還是會顯得很彆扭。因此將手肘彎曲的部分調整到稍微介於朝內和朝上之間，這會是最佳角度。

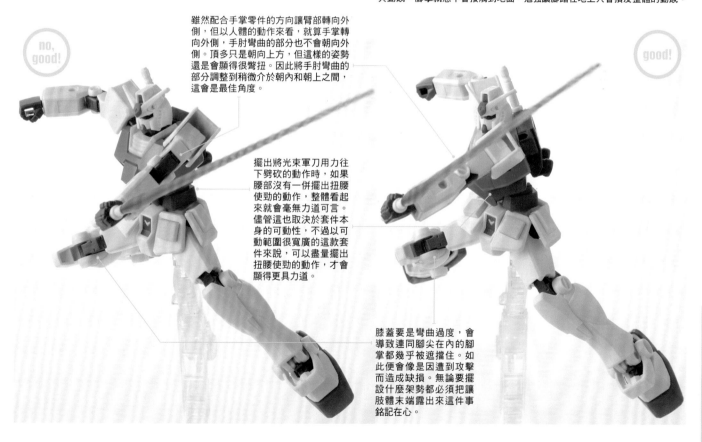

擺出將光束軍刀用力往下劈砍的動作時，如果腰部沒有一併擺出扭腰使勁的動作，整體看起來就會毫無力道可言。儘管這也取決於套件本身的可動性，不過以可動範圍很寬廣的這款套件來說，可以盡量擺出扭腰使勁的動作，才會顯得更具力道。

膝蓋要是彎曲過度，會導致連同腳尖在內的腳掌都幾乎被遮擋住。如此便會像是因遭到攻擊而造成缺損。無論要擺設什麼架勢都必須把讓肢體末端露出來這件事銘記在心。

point! 在擺設動作時一併設想「遭到來自側面的奇襲了！」或是「敵機露出破綻了，這是好機會！」之類的情境，這樣會顯得更具說服力。

設想在太空中戰鬥的情況

接著將場地轉移到太空中。在「無重力」環境下該如何讓動作取得均衡，這部分會和重力環境下截然不同。

下半身的動作是朝著右斜上方，上半身則是朝向正面，導致上下半身的動作方向不一致。如果將推進背包的推進器方向也考慮進去，就會發現下半身的動作方向很不自然。在太空中獲得推力後，只要物體不受到任何制動，就會在慣性作用下沿著該運動方向永遠進下去。因此一定要記得MS會運用各部位噴射口和憑藉肢體做出的AMBAC機能來進行姿勢控制一事。

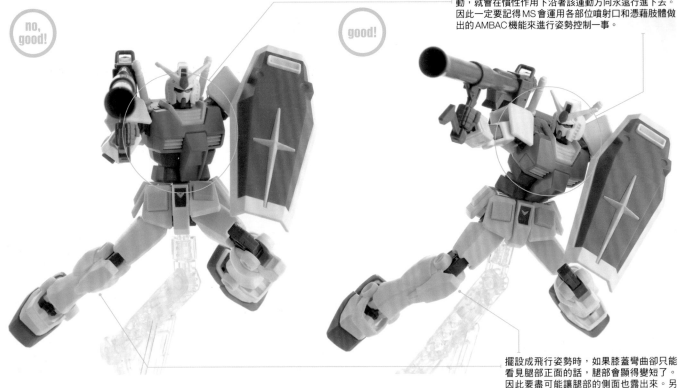

擺設成飛行姿勢時，如果膝蓋彎曲卻只能看見腿部正面的話，腿部會顯得變短了。因此要盡可能讓腿部的側面也露出來。另外，當其中一條腿露出外側時，另一條腿就得擺成只能讓人看到內側的模樣。假如兩條腿都能讓人看到外側，會給人內八字的感覺，導致顯得欠缺力道。相對地，要是兩條腿都能讓人看到內側，就會給人螃蟹腿的遲鈍印象。

可動展示架的運用法

　想要擺設出在大氣層內進行空戰，或是在太空中行動時，可動展示架（另行販售）會是不可或缺的用具。只要能巧妙地運用可動展示架，即可擺設出更具在太空中行動氣氛的動作架勢。

▲首先是從擺出最基礎的動作著手。儘管看起來還不錯，但難以辨識這究竟是在空中呢？還是在太空中？

▲試著將可動展示架最頂端的可動部位往後傾吧。明明並沒有改變動作，卻比左側照片更具在太空中進行戰鬥的感覺呢。

▲不改變可動展示架可動部位的角度，也幾乎維持原有動作不變（僅稍微調整了右腳尖與左腿膝蓋的角度），這次改由仰角來看看。由照片中可知，看起來像是針對來自上方的敵機進行攻擊，顯得更具深處太空中的氣氛了。

　　在太空中沒有上下左右之分。可以儘管從上方或下側來觀賞，甚至刻意擺成很誇張的角度，這樣會更具在太空中行動的感覺。

背景紙與動作架勢

最後要講解對照片整體觀感會造成極大影響的背景紙與可動展示架之間該如何搭配。

以白色為背景的狀況

白色背景＋黑色展示架　白色背景＋透明展示架

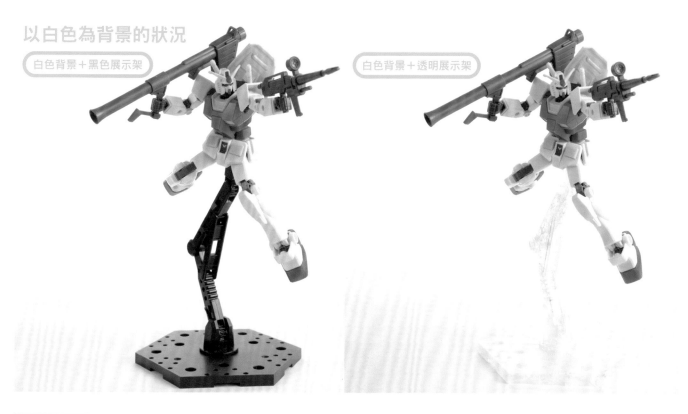

以黑色為背景的狀況

黑色背景＋透明展示架　黑色背景＋黑色展示架

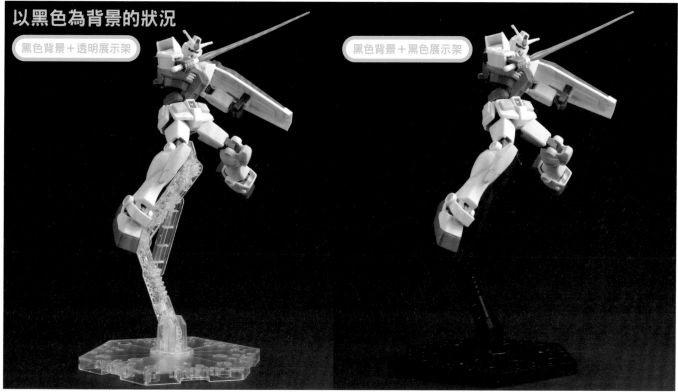

該選擇白色背景還是黑色背景呢？

　　這次背景紙只選用了最為基礎的「白色」和「黑色」這兩種。白色背景不會對拍攝對象造成影響，還有助於營造出潔淨感。儘管白色零件會很容易與背景融為一體，不過只要仔細調整好燈光，那麼即可靠著影子的存在明確地辨識出高光部分。黑色背景確實會令深處變得難以辨識，但隨著陰影變強，高光與影子之間的交界也會更為清晰。況且若是要擺設身處太空中的動作架勢，選用黑色背景也會比較易於想像。想要附加角色本身色彩或是營造特殊情境時，確實亦會選用黑色和白色以外的其他顏色背景紙，但這樣一來視拍攝對象而定，有時會受到背景紙的顏色影響。

可動展示架該如何搭配使用才對？

　　在白色背景＋黑色展示架或是黑色背景＋透明展示架的狀況中，展示架的存在會顯得相當醒目。相對地，在白色背景＋透明展示架或是黑色背景＋黑色展示架的狀況中，展示架會與背景融為一體，難以辨識出來。不過這僅僅只是喜好問題，不存在優劣之分。覺得展示架被看到也無所謂就選前者，希望盡可能不要讓展示架被看到就選後者。儘管現今也可以透過影像加工方式修掉展示架，但這樣做很費事也很花時間，因此除非是要拍宣傳照之類的圖片，不然最好還是盡可能地運用展示架為佳。附帶一提，如果是黑色和白色這類其實看不太出來的背景紙也就無所謂，但要是選用了黑白色以外有底紋的背景紙，那就算修掉了展示架，照片上看起來還是會顯得有些不協調。

[經由全面塗裝的方式製作完成]

用鋼彈麥克筆噴塗系統進行塗裝

「鋼彈麥克筆噴塗系統」乃是只要裝上了鋼彈麥克筆，就能像使用噴筆一樣進行塗裝的方便工具。在本章節中要由sannoji來解說使用這種工具進行全面塗裝的製作方法。為了能透過全面塗裝做出帥氣無比的成果，事先修整零件和填補縫隙等前置作業會是相當重要的工程。

BANDAI SPIRIT 1/144 比例 塑膠套件 "ENTRY GRADE"

RX-78-2 鋼彈

製作‧解說／sannoji

> **sannoji**
> 在製作與塗裝，以及完工修飾方面都十分細膩。安排進度時的作業均衡性、步調規劃等掌控能力也很出色。

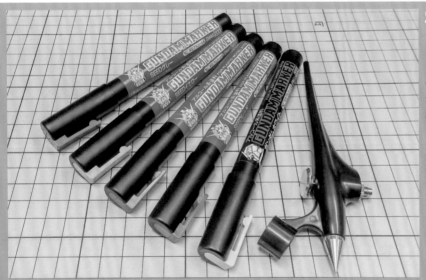

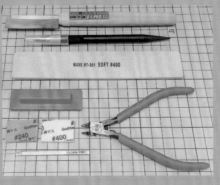

鋼彈麥克筆噴塗系統&
各種鋼彈麥克筆（GSI Creos）
▶要使用鋼彈麥克筆噴塗系統進行全面塗裝，因此也準備了各種顏色的鋼彈麥克筆。白色是取自基本套組的鋼彈白，除此以外的顏色均是取自鋼彈SEED基本套組。

斜口剪、打磨工具等物品
▶斜口剪選用了終極斜口剪（GodHand），筆刀選用了基本款筆刀（NT），打磨工具選用了打磨棒[軟款]（400號）（WAVE）、魔術墊片砂紙（400號）&神磨！（240號&400號）（God Hand）。另外，還有使用到BMC鑿刀（0.1mm）（SUJIBORIDO）、超絕切割鋸0.1 PRO-SS（SHIMOMURA ALEC）等工具。

本章節所需的工具&用品

▶膠水類
黏合零件時選用Mr.模型膠水SP（GSI Creos）、填補零件表面傷痕和孔洞之際是使用瞬間膠×3S（WAVE）和作為瞬間補土的CYANON DW（高壓GAS工業）。

▶入墨線
入墨線時選用了入墨線塗料（黑色）（TAMIYA），以及用來擦拭的修飾大師（galanotes）和打火機油。

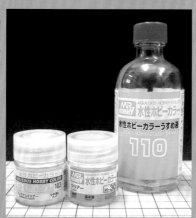

TOPCOAT
在基本塗裝結束後，要用水性HOBBY COLOR的透明漆噴塗覆蓋整體。入墨線和水貼紙黏貼完畢後則是要用特製消光透明漆噴塗覆蓋整體。兩者都得用水性HOBBY COLOR溶劑來稀釋（以上均為GSI Creos）。

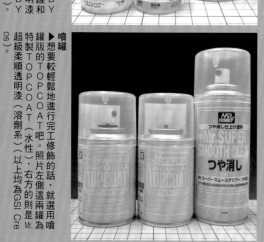

噴罐
想要較輕鬆地進行完工修飾的話，就選用噴罐版的TOPCOAT吧。照片左側這兩罐為噴罐版的TOPCOAT（水性），右方的則是Mr.特製超級柔順透明漆（溶劑系）（以上均為GSI Creos）。

塗裝 ＼ 入墨線	擬真質感灰色2	TAMIYA 入墨線塗料 黑色
鋼彈麥克筆		
鋼彈麥克筆 ＋ 特製 TOPCOAT 光澤		

塗裝測試1
◀在此要確認鋼彈麥克筆與入墨線塗料之間的契合性。基本上不管怎麼搭配都沒問題，不過用擬真質感灰色2來入墨線的話，不管哪種模式都得稍微用力點才能擦掉，而且邊緣還會暈開。不過只要別太用力擦拭，應該還不至於傷到漆膜。用TAMIYA入墨線塗料的話，不管是哪個模式都很易於擦拭掉。以便於作業的程度來說是「右下＞右上＞左下＞左上」，若是純粹講究省時的話，那麼選「右」就不成問題。

塗裝測試2
▶在此要確認鋼彈麥克筆與TOPCOAT（消光）之間的契合性。自左起進行①②③④的嘗試後，發現與①發色效果最相近的是④。使用噴罐的②③會比較明亮，其實是侵蝕了鋼彈麥克筆的漆膜所致。尤其是紅色，甚至有可能會變色呈現橙色（實驗時為了控制霧狀塗料粒子量，保持30～40cm的距離進行噴塗）。④是將瓶裝版特製TOPCOAT（消光）用水性HOBBY COLOR溶劑稀釋後，再用噴筆進行粗噴。只要有好好控制霧狀塗料粒子量，並分為多次少量進行噴塗，即可將溶解漆膜和變色的幅度抑制在最小範圍內。

①	②	③	④
只有鋼彈麥克筆	鋼彈麥克筆 ＋ 特製 TOPCOAT 消光	鋼彈麥克筆 ＋ 超級柔順透明漆 消光（噴罐）	鋼彈麥克筆 ＋ 特製 TOPCOAT 消光用噴筆進行粗噴

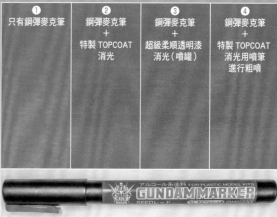

① 將零件從框架上剪下來

儘管套件採用了按壓式注料口設計,但若是希望能剪得更為美觀工整,還是建議要使用斜口剪。

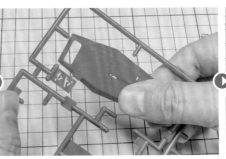
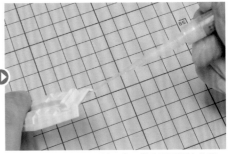

▲要進行全面塗裝的話,就用不著在意剪下零件時造成的白化,不過選選薄刃斜口剪會有助於更有效率的處理注料口痕跡。

▲採用了按壓式注料口設計,能夠徒手扳下零件。

▲徒手扳下零件後,注料口處可能會留下細小的凹洞。這部分只要先用瞬間膠填補,等乾燥後再打磨平整即可補救完成。

② 對各零件進行加工

進行了在先前章節中也說明過的削尖頭部天線和分割前裙甲等加工後,這次要做進一步的處理。

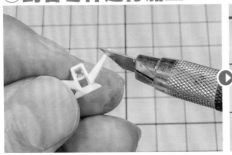

▲儘管已經用斜口剪把頭部天線的安全片給剪掉,也將該處打磨平整了,但接下來還要用筆刀進行刨刮,藉此把末端修飾成更具銳利感的形狀。

▲將前裙甲零件從中分割開來,使左右兩側可獨立活動後,為了維持活動部位的「緊繃」程度,先鑽挖開孔,再經由用黃銅線打樁將左右兩側重新連接起來。

③ 修整各零件

再來是對各零件進行修整。這道作業將會大幅左右最後的完成度。

重點!

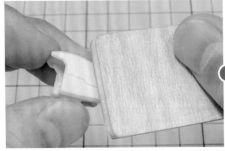
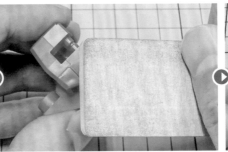

▲大腿與胸部都將零件接合線設計成了紋路。這部分就算在組裝前進行過表面處理,組裝時也有可能會出現意料之外的高低落差,因此還得以組裝起來的狀態重新打磨過才行。

▲小腿正反兩面都有不存在於設定圖稿中的接合線,必須進行無縫處理才行。首先是用Mr.模型膠水SP沿著接合線進行滲流。

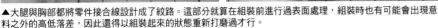

▲將零件確實黏貼緊密,能做到從接合線處擠出溢膠的程度才算是剛剛好。

▲等膠水充分乾燥後就可以開始打磨。遇到鋼彈小腿這種逆向弧面時,神磨這類可以密合於曲面上的海綿研磨片就能派上極大用場。

▲再來是要磨平分模線。在此以手掌零件的手背護甲部位為例來進行說明。為了易於辨識,分模線有特地先用筆著色。

▲用魔術墊片砂紙抵在零件表面上進行打磨。

▲若是很在意磨痕的話,就依序使用400號→600號→800號的砂紙繼續進行打磨即可。

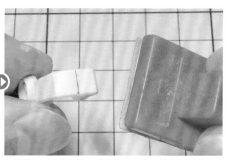

▲踝護甲正面同樣也留有分模線,必須按照前述要領將該處磨平。

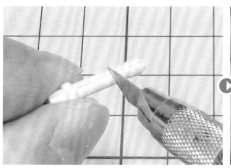

▲光束軍刀柄部的分模線改用筆刀刨刮掉。

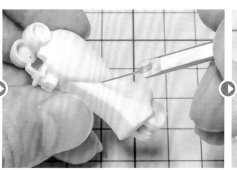

▲為了慎重起見,選用鑿刀之類雕刻工具將細部結構重新雕刻一遍,之後的入墨線作業會更易於進行。

▲小腿肚處接合線則是先用筆刀刨刮出稜邊,藉此將該處修飾成溝槽狀細部結構。

④ 將各部位的「凹槽」給填滿

套件為了簡化構造,有些部位會留有凹槽或不存在於設定圖稿中的開口。

重點!

▲將護盾握把上的凹槽給填滿。這部分是先配合凹槽形狀裁切出塑膠板,再用瞬間膠黏合固定住,然後把表面給打磨平整。

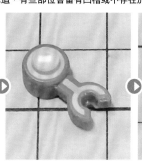

▲其實這裡平時會被遮擋住,並不醒目,卻也是最適合用來練習如何填補凹槽的地方。

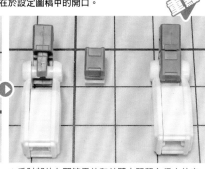

▲光束步槍瞄準器的背面則是用塑膠板、塑膠棒,以及瞬間補土來填滿。

▲手肘部位在關節零件和前臂之間留有很大的空隙。這部分要以不會影響可動性為前提在關節零件下緣黏貼塑膠板,藉此減少空隙。

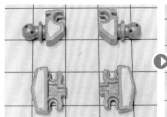

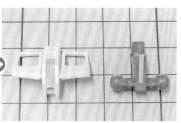

▲腿部各關節零件純粹站著的時候可能不會被注意到,一旦擺設動作架勢就會令凹槽暴露在外。這類凹槽就先用AB補土填滿,再打磨平整吧。此時也要將後續的漆膜厚度納入考量,稍微多打磨一點避免日後刮漆。

▲腰部背面中央裝甲下緣留有很大的開口,該處同樣經由裁切形狀相符的塑膠板來填滿。

素組

範例

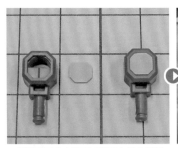

▲腰部背面中央裝甲下緣留有很大的開口,該處同樣經由裁切形狀相符的塑膠板來填滿。

▲腰部背面中央裝甲下緣留有很大的開口,該處同樣經由裁切形狀相符的塑膠板來填滿。

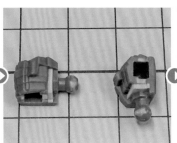

▲大腿頂部關節零件的外側有著八角形開口,將該處用塑膠板覆蓋住。

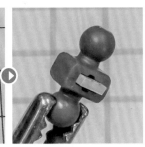

▲若是覺得很難裁切出與開口一模一樣的形狀時,儘管可能會覺得是在繞遠路,但不妨先像照片中一樣做個模板,這樣會易於製作許多。

▲接著讓瞬間補土沿著縫隙滲流進去。

▲等瞬間補土硬化後,將多餘的部分削掉,並將該處打磨平整就大功告成了。

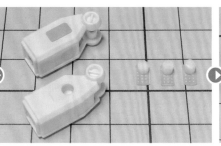

▲前臂設有掛載護盾用的3mm孔洞,用塑膠棒搭配塑膠板做出形狀相符的蓋狀零件共4個。裝設上去後,右臂內外兩側都要黏合固定住,左臂則是僅將內側的黏合固定,外側維持可自由裝卸的狀態。

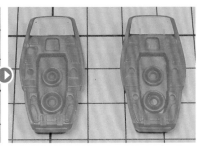

▲腳尖底面的凹槽也是用塑膠板覆蓋住。用塑膠板裁切出與凹槽開口相符的形狀後,更比照腳底原有細部風格雕刻出類似的細部結構。

⑤ 進入塗裝階段
為各零件完成前置準備作業後,即可進入塗裝階段了。首先就藉由試噴來確認塗料輸出之類的狀況著手吧。

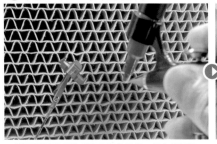

▲使用鋼彈麥克筆噴塗系統的好處,就在於用起來簡便,而且不用在意味道。儘管需要一點訣竅才能運用自如,但只要先拿廢棄零件或塑膠板之類物品練習一下,即可正式進行塗裝了。

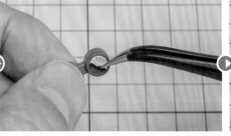

▲由於並非所有配色都已藉成形色重現,因此為了進一步提高完成度,進行遮蓋塗裝是不可或缺的。以光束步槍的瞄準器這類零件來說,使用HIQPARTS製圓形遮蓋貼片來進行遮蓋是最為方便的。

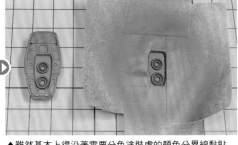

▲雖然基本上得沿著需要分色塗裝處的顏色分界線黏貼遮蓋膠帶,不過當分界線呈現轉折或彎曲狀時,將遮蓋膠帶裁切成幾段來沿著分界線黏貼,這樣會較易於塗裝得更加美觀工整。

▲護盾內側的連接部位、腰部骨架,以及身體頂面頸關節連接處都需要遮蓋塗裝。

▲遷就於零件的開模方式,裙甲內側會有著紅色、黃色、灰色、白色等各種顏色的零件,等到統一噴塗成暗灰色後,即可大幅減少玩具感。

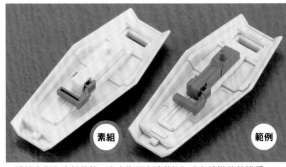

素組　　　範例

▲照片左側為素組狀態,右方為經由遮蓋施加分色塗裝後的護盾。即使只做了這點更動,看起來卻顯得截然不同了呢。

⑥充分運用遮蓋膠帶與另行販售的貼紙&水貼紙

只要能充分運用遮蓋膠帶與另行販售的貼紙或水貼紙，即可比塗裝更易於重現細部的配色。

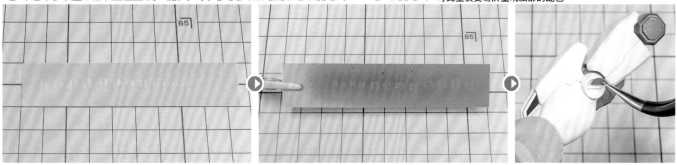

▲以鋼彈為首的聯邦系MS來說，在手肘和膝蓋處多半都有著 ⊙ 字形結構，想要為該處把底面也分色塗裝得美觀工整會相當費事。因此這次要利用HIQPARTS製圓形遮蓋貼片來做出帶有顏色的貼紙使用。

▲等塗料充分乾燥後，只要配合細部結構黏貼上去即可。

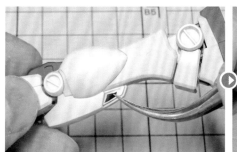

▲膝裝甲下緣外側散熱口則是黏貼了配合該處形狀裁切出來的HASEGAWA製曲面密合貼片「消光黑密合貼片」。

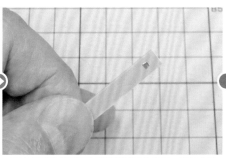

▲再來是製作供頭部後側攝影機用的貼紙。這部分是先拿銀色貼紙裁切出與該處相符的形狀。銀色貼紙本身是取自其他套件附屬貼紙的餘白部位。

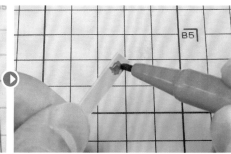

▲貼紙裁切完成後，用Makee麥克筆的紅色整個塗滿顏色。

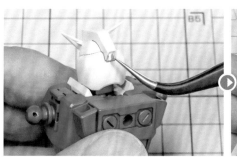

▲等塗料充分乾燥後，用尖頭鑷子等工具以不會刮傷貼紙表面為前提，謹慎黏貼到該部位上。

▲儘管不是用來重現配色，但機身標誌也能用另行販售的水貼紙來呈現。只要事先塗佈Mr.水貼紙密合劑，即可確保水貼紙能牢靠地黏貼在該處。

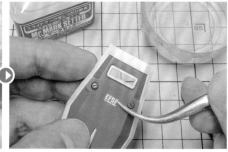

▲要是貼上去後覺得位置不夠滿意，就用沾了水的棉花棒或鑷子等物品來微調水貼紙黏貼位置吧。

⑦全面塗裝後的入墨線

以經過全面塗裝的狀況來說，必須採取不會影響到塗裝面的方式來入墨線。

▲入墨線時選用TAMIYA製入墨線塗料（黑色）（其實是作者依據個人喜好用黑色和灰色調出的顏色）。儘管直接使用附蓋在內側的筆也行，不過若是能改用更細的面相筆，會更易於針對定點讓塗料進行滲流。

▲要擦拭溢出界的塗料時，選用了在便利商店等地方能夠買到的打火機油。這方面是用gaianotes製修飾大師沾取打火機油來進行擦拭。

作為邁向全面塗裝階段的先行嘗試

用鋼彈麥克筆噴塗系統進行全面塗裝的ENTRY GRADE RX-78-2鋼彈完成了。在能夠用保留零件成形色的簡易製作法完成作品後，應該也有人想要向使用噴筆進行全面塗裝挑戰，卻遲遲不敢往這個階段踏出第一步吧。有這類顧慮的玩家不妨先從鋼彈麥克筆噴塗系統使用起，藉由它掌握住如何運用異於噴罐的方式進行噴塗上色後，應該就會比較容易往下個階段邁進了。

▶左側為套件素組狀態，右方為範例。採取保留成形色的簡易製作法確實還算不錯，儘管經由全面塗裝方式完成得多花一些功夫，但獲得的滿足感終究截然不同呢。附帶一提，握拳狀手掌換成了取自HGBC版骷髏武裝組附屬的零件。當未持拿武器時，讓雙手呈現握拳會顯得較為強勁有力。

素組　　　　　　範例

▲經由全面塗裝完成後，塑膠感已不復存在，擺起動作架勢時也顯得更為帥氣許多。不過擺設動作時，漆膜可能會受零件彼此摩擦的影響而被刮壞。用鋼彈麥克筆塗裝的漆膜更是格外容易受損，因此謹慎地進行表面處理、為關節部位打磨出可容納漆膜的空間，以及噴塗 TOPCOPAT 來保護漆膜等前置作業相當重要。

素組

範例

■製作內容

這次並未施加改造，僅止於進行了處理注料口痕跡、無縫處理，以及表面處理等基礎作業，還有將各部位較醒目的凹槽給填滿，也就是往把套件本身所具備的韻味發揮至最大極限這個方向去製作。儘管相關詳情應該只要看過製作途中照片和圖說就能理解，不過這些並非一定要完全比照辦理，可以按照個人需求進行取捨，就算只挑自己想嘗試的部分來做也行喔。

■鋼彈麥克筆噴塗系統

雖然起初是以附有壓縮氣瓶的「鋼彈麥克筆噴塗系統」形式發售，不過如今也有不含壓縮氣瓶的「鋼彈麥克筆用噴筆」問世。鋼彈麥克筆用噴筆的好處在於使用起來很簡便，以及不必在意味道。在製作鋼彈模型時擔心會對周遭環境造成困擾的玩家請務必試用看看。

在此要介紹兩個操作鋼彈麥克筆用噴筆的訣竅，第一個是「注意麥克筆的筆尖塗料

量」。由於塗料並非可以無限輸出的，因此發現流入筆尖的量不太對勁時，一定要在塗料皿或廢紙之類物品上按壓筆尖，讓塗料能充分流進筆尖裡。第二個是「要把氣壓給調高」。儘管搭配空壓機使用會較易於調整壓力，但以搭配壓縮氣瓶的狀況來說，壓縮氣瓶使用愈久就會變得愈冷，壓力也會跟著降低，所以不妨用臉盆之類物品裝溫水，藉此將壓縮氣瓶浸泡在其中以提高溫度吧。

[經由全面塗裝的方式製作完成]

用噴罐來施加金屬質感塗裝

用噴筆能做到的各式塗裝表現

全面塗裝製作法的下一個階段就是塗裝表現。只要使用噴罐或噴筆來塗裝，即可做出各式各樣的塗裝表現。噴罐方面將由林哲平來示範金屬質感塗裝，噴筆方面會由けんたろう來示範飛機風格＆AFV風格塗裝，至於Ryunz則是會示範光澤塗裝。歡迎各位一同邁入更為寬廣多變、更為深奧的塗裝世界！

林哲平
在HOBBY JAPAN編輯部擔任助手，同時也是具備頂尖實力的職業模型師。精通各式技法，也很擅長在圖解製作單元中深入淺出地講解技法。

けんたろう
以職業模型師和作家身分在諸多書籍上大顯身手的全能模型玩家。無論是工具用品的解說、實際示範，或是負責組裝套件介紹第一印象等各式內容都難不倒他。

Ryunz
具有連細部都極為講究的精緻作工和紮實塗裝技術，在這方面十分正經認真。是位全能型的中堅職業模型師。

噴罐塗裝所需的工具＆用品
（解說／林哲平）

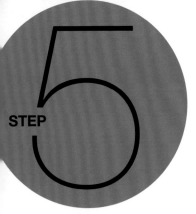

TAMIYA噴罐（TAMIYA）
▲相較於使用技巧，首要重點在於「選擇好用的噴罐」。對於講究細膩表現的飛機和車輛等比例模型來說，TAMIYA噴罐的金屬色是針對這類題材調色而成，質地也相當細膩，能夠塗裝出如同現實事物的成果，用來表現未經塗裝的金屬底色可說是剛剛好（自照片左方起依序為鋁銀色、淺槍鐵色、槍鐵色、香檳金）。

魔術靈
▶這款萬能產品能夠無損於作為底色的硝基漆，就把水性壓克力漆給擦拭掉。對於水性壓克力塗料已有大幅進步的現今模型製作環境來說，這會是不可或缺的用品。只要是內含界面活性劑的中性清潔劑，就算不是魔術靈也能發揮同等功用。

鋼彈麥克筆 擬真質感麥克筆
（GSI Creos）
▲TAMIYA噴罐的漆膜對琺瑯漆來說很脆弱，要改用屬於水性漆的擬真質感麥克筆來入墨線。塗料本身是透明色系，能夠保留金屬漆的美麗光澤，用來表現未經塗裝的金屬底色是絕佳產品呢（照片中為擬真質感灰色2）。

鋼彈麥克筆EX 細緻銀
（GSI Creos）
▲使用在乾刷和局部塗裝。由於是非常耀眼的高明亮度顏色，因此最好隨時備妥一支在身邊，以便使用在金質感表現上。

Mr. 細緻底漆補土1500黑色
（GSI Creos）
◀想要表現未經塗裝的金屬底色時，要是所有顏色都塗裝成金屬色，反而會顯得很像玩具，這時就能利用它來添加點綴。這款底漆補土的遮蓋力與發色效果都相當好，就算當成一般塗料使用也毫無問題。

水性HOBBY COLOR
（GSI Creos）
◀TAMIYA噴罐的漆膜對於溶劑成分來說很脆弱，導致無法用琺瑯漆進行局部塗裝和入墨線。儘管如此，壓克力水性漆並不會侵蝕TAMIYA噴罐的漆膜，只要搭配魔術靈使用的話，即可比照使用琺瑯漆的要領進行擦拭，也就能夠用來施加局部塗裝了（照片左側為消光黑，右方為金色）。

噴筆塗裝所需的工具＆用品
（解說／けんたろう）

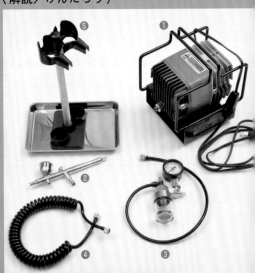

噴筆塗裝組一套（GSI Creos）
▲所謂的噴塗用具，就是由空壓機提供壓縮空氣並傳輸到噴筆裡，然後連同塗料一起噴發出去的塗裝用具。這次使用的是❶Mr.線性空壓機L7、❷PROCON BOY WA白金0.3 Ver.2雙動式噴筆、❸Mr.氣壓調整器、❹Mr.輪氣管、❺Mr.噴筆架＆托盤套組。這些即為能構成噴塗用具的基本套組。

鋼彈
（出廠配色）

G-3 鋼彈

擬真型鋼彈

凱斯巴爾專用
鋼彈

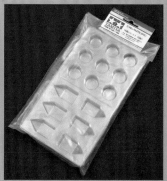

15 皿調色盤（5個）（TAMIYA）
▲這是便於調色的塗料皿。在調色盤上設有圓形和船形這兩種凹槽，可以將必要的部分裁切開來使用。內含15皿的調色盤共5個，因此可以用過即丟。

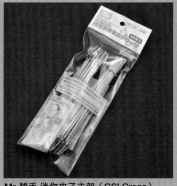

Mr. 貓手 迷你夾子支架（GSI Creos）
▲這是塗裝用的支架。在使用噴筆或噴罐進行塗裝時，要是直接用手拿著零件，手就會沾附到塗料，況且要一直拿著等待乾燥也有困難，因此得設置在這類支架上。

調色棒（2支組）（TAMIYA）
▲這是塗料攪拌棒。在混合塗料進行調色，以及調整濃度時用來攪拌的產品。由於是金屬製品，相當堅固耐用，因此就算沾附到塗料也易於擦拭掉，相當方便好用呢。

Mr. 塗料皿（10個組）（GSI Creos）
▲這是標準的塗料皿。可以用來調整塗料的濃度，或是倒入溶劑以便清洗漆筆或噴筆的零件，有著各式各樣的用途。

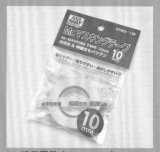

Mr. 遮蓋膠帶（GSI Creos）
▲遮蓋膠帶是在分色塗裝時可用於保護已塗裝的顏色，避免該處沾附到新塗料。此外，也能在試組過程中用來暫時固定零件，有各式各樣的用途。

**Mr. 噴筆用溶劑（中）&
Mr.COLOR 溶劑（小）（GSI Creos）**
▲溶劑是用來調整塗料濃度。這次主要是使用 Mr. 噴筆用溶劑來調整濃度。Mr. 噴筆用溶劑雖然乾燥時間較長，卻具有能讓漆膜更為平整光滑的效果，與噴筆塗裝可說是絕配。Mr.COLOR 溶劑則是會使用在清洗噴筆等方面。

各種塗料（GSI Creos）
▲這是本次會使用到的各種塗料。主要是使用 Mr.COLOR 和鋼彈專用漆。配色方面是以套件組裝說明書上的使用塗料指示等資料為參考，再適當加入一些偏好的顏色而成。

◀Mr. 工具清洗專用劑改（GSI Creos）
這是當漆刷沾附著塗料，要發揮強效的工具或噴筆整備用品。由於不僅是在漆膜方面，就連塑膠零件也會遭到溶解，因此使用這個進行清洗作業時，一定要遠離零件才行。

⑤ 用噴罐來施加金屬質感塗裝

① 依據要塗裝的顏色將零件框架分門別類

儘管這次是要在零件框架狀態下用噴罐進行塗裝，但還是得做好塗裝之前的準備工作。

▲這是 ENTRY GRADE 鋼彈的多色成形零件框架。如果直接在這個狀態下用噴罐塗裝，整片零件框架會變成只有單一顏色，因此在對零件框架進行噴塗之前，先按照顏色分門別類吧。就算用手直接扳開也完全不成問題。

▲白色零件框架也拆成 4 片。儘管直接對零件框架進行塗裝具有能一舉為所有零件上好顏色的優點，但零件框架面積要是太大的話，很容易引發噴塗過厚，或是有地方沒塗裝到之類的問題。因此視自己的塗裝能力而定，將零件框架拆解成合適的大小吧。

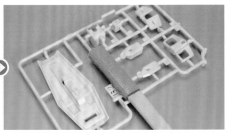

▲要直接對零件框架進行塗裝時，必須裝設支架才行。不然要是在塗裝途中掉落到地上，那可就慘不忍睹了。這方面不妨用黏力較強的封箱膠帶反向纏繞在免洗筷上，以便牢靠地黏貼在框架部位上作為支架。

② 實際進行塗裝吧

接下來要進入塗裝階段。視需要塗裝的部位而定，噴罐的噴塗方式、使用的顏色可能會有若干改變。

▲使用噴罐前一定要充分進行搖晃，確保內部的塗料能攪拌均勻。尤其是金屬漆的塗料粒子較重，很容易產生沉澱，至少要搖晃個 100 次較為妥當。

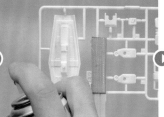

▲一舉噴塗大量塗料以求立刻上滿顏色的話，只會造成噴塗過厚，或是積漆垂流之類的失敗結果。因此必須如照片中所示，經由轉動手腕採取由下側往上方迅速啾！啾！少量進行噴塗。等乾燥到某個程度後，就按照前述要領再噴塗一次。像這樣分成多次少量進行噴塗，可說是塗裝美觀的訣竅所在。

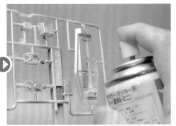

▲一開始先從就算沾附著、被塗料噴飛後也不至於對外觀造成太大影響的零件內側開始塗裝起，藉以掌握該如何進行噴塗的感覺。可以的話，最好是先拿其他物品來練習過，再正式進行噴塗，這樣會有助於避免噴塗失敗。

▲向肩甲這樣遷就於開模方式，導致框架圍住較深的零件時，會比較難以塗裝。不僅周圍的框架會很礙事，零件本身也不容易塗裝均勻。遇到這類零件的話，乾脆就先從框架上剪下來，另外進行塗裝吧。儘管標榜在零件框架狀態下進行噴塗較為輕鬆，但也用不著真的將所有零件都留在框架上進行塗裝，只要用自己覺得最方便的形式來塗裝就好。

▲經過塗裝的零件框架在乾燥前一定要如照片中所示，水平擺設著靜候乾燥。立起來擺設會令塗料容易往下垂流，導致下側發生積漆的狀況。不妨暫且插在大型園藝用海綿固定住，若是擔心會翻倒的話，那就再加個重物壓住吧。

▲占鋼彈整體面積最多的白色部位選用鋁銀色來塗裝。這次在塗裝方面是將 F-104 之類未經塗裝的銀色戰鬥機形象套用在鋼彈模型上。由於飛機的蒙皮幾乎都是由硬鋁和鋁合金所構成，因此鋁銀色是最佳選擇。

▲胸部的藍色就選用淺槍鐵色來塗裝。未經塗裝的銀色戰鬥機並非所有蒙皮均為硬鋁材質，而是會使用到各式各樣的金屬，因此不能只使用單一種銀色，必須選用多種深淺不同的金屬色來表現，這樣才能進一步營造出屬於真正兵器的寫實感。

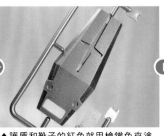

▲護盾和靴子的紅色就用槍鐵色來塗裝。由於紅色本身是較濃厚的顏色，因此用接近黑色的槍鐵色來替換後，不僅能發揮模仿鋼彈原有配色的效果，更能提高寫實感。

▲黃色部位就選用香檳金來塗裝。這部分要是選用金色來塗裝的話，對於表現未經塗裝的金屬底色機體來說會顯得太醒目了些。因此才會選用屬於同系統，但彩度較低的金屬色，這樣即可整合成較為沉穩的色調。

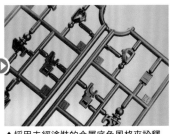

▲採用未經塗裝的金屬底色風格來詮釋 MS 時，要是連關節都塗裝成金屬色的話，可能會給人過於單調的印象。因此乾脆改用 Mr. 細緻底漆補土 1500 這種霧面黑來塗裝，藉由引進消光質感色調讓整體能顯得更精緻。

③ 剪下零件與處理注料口

為整片零件框架塗裝完成後,接著是要對注料口補色,以及進行細部塗裝。

▲將先前留在框架上進行塗裝的零件給剪下來。由於ENTRY GRADE採用了按壓式注料口設計,讓注料口痕跡能變得非常小,因此請儘量直接把零件給剪下來吧。就算多少傷到漆膜也沒關係,畢竟之後可以藉由補色來解決。雖說可以用斜口剪把零件給剪下來,但有些零件可能還是會有注料口殘留,不過這類部位也只要留到最後再用筆刀切削修整即可。

▲剪掉注料口後的狀態。由於是在零件框架狀態下進行噴塗的,因此注料口痕跡處露出了屬於成形色的白色。維持現狀會顯得很不美觀,始著用補色的方式來改善吧。

▲將噴罐對著紙杯裡頭噴,藉此取出內部的塗料。為了避免噴塗的塗料回濺灑到外頭,因此不要對著杯底面噴,而是要對著杯壁噴。

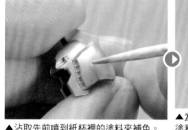
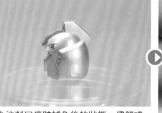

▲沾取先前噴到紙杯裡的塗料來補色。以對注料口痕跡面積這麼小的地方補色來說,與其使用漆筆,不如改用牙籤前端沾取塗料來點狀佈得方便,這樣能更迅速地完成補色作業。

▲為注料口痕跡補色後的狀態。儘管噴塗和拿牙籤補色用的是相同塗料,但塗裝面給人的印象還是會不太一樣,只不過比起讓成形色外露,這樣確實沒那麼醒目了。若是無論如何都想讓注料口痕跡的顏色與周圍一致,那就只能先將所有零件都剪下來,再進行塗裝了。

▲接著是對噴罐無法處理的細部結構進行分色塗裝。照理來說,這類地方多半會用琺瑯漆來分色塗裝,但TAMIYA噴罐對於琺瑯系溶劑較為脆弱,漆膜會遭到溶解,因此無法這麼做。這次也就改用屬於壓克力水性漆的水性HOBBY COLOR來處理。首先是用消光黑來塗裝護頰處的散熱口。就算多少塗出界也不成問題。

▲塗出界處就用沾取了魔術靈的棉花棒來擦拭掉。魔術靈雖然會擦拭掉壓克力水性漆,卻不會腐蝕硝基漆。因此能夠按照擦拭琺瑯漆的要領處理,僅將塗出界的部分給擦拭掉。

▲護頰處散熱口分色塗裝完畢的狀態。刻意塗溢出界,再用擦拭來補救,即可讓細部結構留下清晰工整的顏色,呈現出深具銳利感的成果。且對飛機來說,精確度等同於性命。要詮釋成未經塗裝的金屬底色機身時,讓分色塗裝的成果具銳利感,可說是首要重點所在。

▲臉部散熱口這類刻線是用同樣屬於水性塗料,不會腐蝕TAMIYA噴罐漆膜的擬真質感麥克筆來入墨線。塗出界處可以用面紙擦拭掉,或是用沾取了魔術靈的棉花棒來擦拭掉。

▲頭部完成。額部火神砲是用水性HOBBY COLOR的金色來分色塗裝。天線部位的安全片和處理注料口痕跡時一樣,先剪掉安全片,等到最後再為該處補色。只要能有效地運用水性漆和補色技巧,那麼就能無畏於失敗,更有效率地進行作業。

④ 運用乾刷追加金屬表現

接下來要用銀色為塗裝成霧面黑的關節和推進背包施加乾刷,藉此添加金屬表現。

▲在塗料皿之類物品上用鋼彈麥克筆EX細緻銀的筆頭進行按壓,藉此取出一些塗料。接著用平筆沾取塗料,然後用面紙擦拭到幾乎不留塗料的程度。

▲以稜邊之類部位,還有容易和其他地方摩擦到的部分為中心,用筆尖以輕輕掃過的方式讓微量塗料能沾附在該處。銀色本身是相當醒目的顏色,要是做過頭的話,一下子就會讓等各零件看起來亮晶晶的。採取「塗料好像一直沒辦法附著上去耶?」的感覺進行作業是訣竅所在。

▲施加乾刷後的狀態。呈現出了鋼鐵底色外露的厚重效果。在周圍都是亮晶晶的金屬色中添加這類不同金屬表現,即可發揮出不錯的點綴效果,也能令作品顯得更具深度。這是非常簡單的技法,還請各位務必親自嘗試看看喔。

要做到多樣化的塗裝表現
就從使用噴罐進行塗裝著手

用噴罐施加全面塗裝的 ENTRY GRADE RX-78-2 鋼彈完成了。隨著為全身施加銀色系的金屬質感塗裝，確實營造出了甫由工廠組裝完成，尚未施加正式機體塗裝的面貌。儘管噴罐無法像瓶裝塗料一樣調色，卻有著比鋼彈麥克筆更多種類的顏色，可藉此施加各式各樣的塗裝表現呢。

使用 BANDAI SPIRIT
1/144 比例 塑膠套件
"ENTRY GRADE" RX-78-2 鋼彈
RX-78-2 鋼彈
（出廠配色）
製作・解說／林哲平

素組

範例

▶左側為套件素組狀態，右方為範例。金屬漆的遮蓋力很強，能夠在不受成形色影響的狀況下發揮良好發色效果。用金屬漆塗裝在完成後另外，相較於使用純色塗料進行塗裝，給人的印象會顯得截然不同也是特徵所在。

▼出廠配色狀態可能會出現在進行運作試驗之類的場合。除了施加塗裝表現之外,在擺設動作架勢時試著構思會出現在什麼樣的情境中,這樣會更有意思喔。

■以能充分展現出飛機般精密感為魅力所在的金屬底色外露風格塗裝

在第二次世界大戰後期的美軍機,以及冷戰初期的噴射戰鬥機中,有不少屬於硬鋁顏色外露的未經塗裝機體,也就是所謂的金屬底色外露機體。這麼做有著經由不施加塗裝讓整體能更輕盈,以及節省費用的效果。另外,還有著當時認為當銀色進入視野裡時會較難以用目視辨認,以及對於掌握了制空權的美軍來說,採較醒目的顏色反而有有助於避免遭到友軍誤射各式理由。而這種未經塗裝的金屬底色外露風格其實與鋼彈模型十分相配。現今鋼彈模型幾乎所有配色都能藉由零件分色設計來呈現,只要為各個零件分別塗裝不同金屬色,就能完成金屬底色外露的MS。儘管以提高MS寫實感的手法來說,仿效AVF風格的舊化是主流,但將鋼彈模型全

身上下都塗裝成硬質的金屬色後,更是能凸顯充滿機械感的形象,呈現有別於滿是泥濘汙漬的戰車,賦予整體屬於飛機這類精密機械的寫實感。

■適合用噴罐為整片零件框架進行噴塗的 ENTRY GRADE 鋼彈

儘管已經發售過各式各樣的1/144比例鋼彈,但這款 ENTRY GRADE 鋼彈最為精湛之處,正在於連腰部中央裝甲的 V 字形標誌都以獨立零件來呈現配色。在以往的1/144比例套件中,只有RG版鋼彈做到將該處製作成獨立零件,畢竟該部位不僅相當難以遮蓋,還非得在紅色上用黃色覆蓋塗裝不可,可說是相當棘手的部位。受惠於將該處製作成獨立零件,ENTRY GRADE 鋼彈在塗裝上會比其他1/144比例鋼彈套件簡單許多。還請各位務必要親手製作看看喔。

※注1：既然要塗裝成和原有機體配色不同的顏色，那麼就得從選擇顏色著手。就算是同系統的顏色也會各具特徵，因此必須思考要如何運用這些顏色營造出差異，以及該怎麼選擇才好。

① 塗裝前的準備　由於在先前章節中已經說明過零件加工和修整等前置作業，因此本章節會從實際的塗裝工程開始解說起。

零件拆解開來，以便進行塗裝前的準備。
完成了處理注料口、磨平分模線、無縫處理零件，以及將天線削磨銳利等作業後，暫且將

▲將各零件裝設到塗裝用的支架上。這方面就找零件內側之類容易用夾子固定住的地方來裝設即可。

▲若是護盾正面這類沒必要塗裝內側的零件，只要用卡榫或組裝槽等結構來裝設支架就好。為避免夾子的壓力反而讓裝零件彈飛，必須仔細確認裝設是否夠牢靠穩定。

▲以頭盔這類幾乎都需要塗裝的零件來說，得用消去法決定要裝設於何處。範例選擇用夾子固定在內側凹洞。

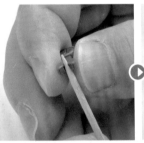

▲細小零件上若是有孔洞之類節的話，那麼也能改用牙籤作為支架。由於牙籤本身較短，因此可以藉由連接在其他支架上調整成適當長度。

▲為零件裝設好支架後，為了避免沾到桌面上的灰塵，最好是先架設在盒子之類物品的邊緣。按照要塗裝的顏色來分門別類放置會更有效率。

② 選擇顏色（※注1）

▲紅色準備了能表現得如同賽璐珞畫般明亮的Ver. 動畫色彩漆、鮮明的亮紅色，以及看起來更紅的深紅色。儘管以一般的藍白紅配色來說，只要著重於明亮鮮艷就好，但擬真型的紅色必須與黑色和綠色等顏色取得協調才行，因此得重新選擇適用的紅色。

▲白色也有著細微的差異。包含稍微帶點綠色的Ver. 動畫色彩漆、偏象牙白的白色FS17875，以及給人硬質感的冷白等都是候選塗料。由於這次會使用在擬真型的頭部上，因此考量過與綠色之間的契合性後，決定使用屬於象牙白系的316號。

▲黃色準備了MS黃和黃橙色。目前發售的各顏色在紅色調強弱和明亮程度有所差異。由於G-3沒有紅色調，因此選用MS黃，擬真型則是紅色調較多，於是選用了黃橙色。

▲灰色是使用在G-3的主色和關節色上。自左起為較偏白的灰色，右方是最深的灰色。將明亮程度和色調納入考量後，相異部位會使用不同的灰色。

▲這是G-3用來取代紅色的顏色候選。作為帶藍色調的灰色，找出了淺海藍和中間藍作為候選。由於這兩者的色調相近，因此筆者依據個人喜好選用了淺海藍。

▲再來要選擇G-3主體部位的灰色。儘管按照現實飛機也有使用的顏色來搭配就不成問題，但瓶蓋的顏色、塗料未乾燥時的顏色，以及完成時的顏色其實也略有差異。以300多號的顏色來說，最好是先噴塗個顏色樣品再據此決定。

▲擬真型用黑色會從看起來相對地較中性的德國灰，以及帶點紅色調的午夜藍這兩者中擇一。這次希望能帶點紅色調，因此選用了午夜藍。雖然未列入選項，但若是希望使用更黑一點的顏色，那麼整流罩色之類的塗料也能列入候選名單。

▲擬真型下半身等處的綠色系選用了軍綠色2。基於全身帶有紅色調的考量，才會選用這種類似枯葉的顏色。這幾乎是一舉定案的。

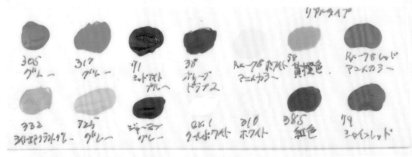

▲將擬真型會使用到的顏色塗佈在塑膠板上作為整體性比較。這樣一來就能以軍綠色2為基礎，挑選出適合搭配的顏色，以及設想中的顏色。

使用 BANDAI SPIRIT 1/144 比例 塑膠套件 "ENTRY GRADE" RX-78-2 鋼彈
RX-78-3 G-3 鋼彈、RX-78 擬真型鋼彈、RX-78/C.A 凱斯巴爾專用鋼彈

※注2：噴筆除了在塗裝表現方面較為寬廣之外，還有著能夠長久使用下去的優點。儘管初期的購置費用確實較高，但以長期使用的觀點來看，其實會比使用壓縮氣瓶更為省錢。

※注3：為了於理解將氣閥按鈕往後拉的幅度、距離感等要素會對塗料輸出方式、上色效果造成哪些影響。以噴出塗料之後，如同拍打表面的上色方式來說，即可藉此確認較為穩定的塗料濃度，以及適當的氣壓。

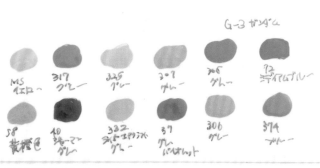

▲用來塗裝擬真型的顏色定案。由於整體會使用到許多種顏色，因此便統一採用具有紅色調的顏色來取得均衡。之所以就整體來說都選用了較深的顏色，是為了在施加2階段較為明亮的光影塗裝後能取得均衡。

▲G-3使用的顏色整體來說都會從寒色系中來挑選。由圖片中可知，大致篩選到這個階段後，灰色之間已經沒有暖色和寒色那麼大的差異了，接著就是做進一步的篩選。

▲用來塗裝G-3的顏色定案。由於有著許多灰色調的顏色，因此藉由挑選接近現實飛機所使用的顏色來取得均衡。

③噴筆塗裝工程 （※注2）　接下來要從噴筆器具的準備開始，一路講解到實際的塗裝方法，以及整備的流程。

▲將各個器具連接起來。螺帽部位要充分旋緊，充分做好不會讓壓縮空氣外露的準備。另外，為了能在作業場所附近就位，亦要一併確認電源位置等工作環境。視狀況而定，亦得準備用來連接電源的延長線之類物品。

▲氣壓調整器具有可以調整輸出壓縮空氣量的機能。只要能調整壓縮空氣的輸出量，即可進行細噴和光影塗裝。接著就來看看實際的操作吧。

▲經由操作位於面板旁的旋鈕，即可令壓縮空氣的輸出量產生變化。照片中為壓縮空氣量減少的狀態，和前一張照片相較後，可以看出面板上的指針轉到了數字較小處。

▲在這個狀態下對著塑膠板噴空氣，看看塑膠板的彎曲幅度。當輸出量較小時，頂多只會彎曲到這個程度……

④稀釋塗料與試噴

▲光是把氣壓調整器給旋開，讓輸出量多一點，塑膠板就被噴歪到這種程度了。由於壓縮空氣輸出量在往後的作業中也十分重要，因此請務必要將這件事牢記在心。

▲將塗料取至塗料皿中。要使用噴筆進行塗裝時，瓶裝塗料本身的濃度會顯得過高，必須先將塗料裝在塗料皿裡，以便加入溶劑調整濃度。

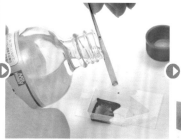

▲基本上塗料與溶劑要用大約1：1的比例稀釋。由於瓶中塗料的濃度也會隨著不斷被取出而改變，一開始的塗料要比較多，之後隨著塗料變濃稠，加入的溶劑量也要跟著增加。

▲將塗料與溶劑充分攪拌均勻。只要記住這時塗料如水般的流動感，之後要進行調整時也就容易多了。

▲將塗料倒入噴筆的塗料杯裡。這款TAMIYA製塑膠調色盤照片中所示設有傾注口，因此只要將該處削開就會更易於倒出塗料。

▲這次選用了雙動式噴筆，只要一壓下氣閥按鈕就會噴出壓縮空氣，接著把氣閥按鈕往後拉時則會開始噴出塗料。啟動空壓機並在噴筆的塗料杯裡裝入塗料後，要記得先在塑膠板或光澤紙之類物品上進行試噴（※注3）。

▲確定能均勻且流暢地從噴筆裡噴出塗料後，即可直接進行塗裝。首先是以不會造成積漆垂流為前提，緩緩地經由噴塗為表面上滿顏色。

▲以較淺的顏色來說，若是急著一舉上滿顏色，很容易噴塗過量造成積漆垂流。要以不會造成積漆垂流為前提，等乾燥後再重複進行2次左右的塗裝。重複塗裝幾次後，只要能像這片試噴的塑膠板一樣顏色飽滿，就代表塗裝成功了。為了避免塗裝不均勻，一定要謹慎地從各個角度進行噴塗。

⑤ 清洗塗料杯

▲每塗裝完一個顏色，就得將塗料杯裡給清洗乾淨。在此先將一般溶劑倒進已經空了的塗料杯裡。

▲將噴筆從前方算來第2節的噴嘴罩稍微轉鬆開些，讓它與噴筆主體之間能有一點空隙。接著就是讓壓縮空氣流進塗料杯裡。

▲在這個狀態下壓著氣閥按鈕往後拉，讓壓縮空氣能入塗料杯裡，裡頭就會冒泡。這就是所謂的「漱洗」。藉由將塗料杯裡殘餘塗料加以溶解洗淨的基本作業。

▲漱洗完畢後，將剩餘溶劑用面紙之類物品吸取乾淨並丟掉。這時要將塗料杯內部的殘餘塗料盡可能地都擦拭掉。

▲沾附在塗料杯周圍的塗料也要擦拭掉。塗料杯蓋的內側亦要盡可能地保持乾淨。

▲這是第1次漱洗結束後的模樣。可以看到底部仍殘留著塗料。要是維持現狀的話，必然會對下一道顏色的塗裝作業造成影響。

▲為了將塗料杯裡徹底清洗乾淨，再進行一次漱洗。將溶劑倒入塗料杯裡後，將噴嘴罩給鬆開，並且壓下氣閥按鈕。

▲這是第2次漱洗結束後的模樣。可以看到塗料杯底仍有微量塗料殘留。如果接下來要使用的顏色比這個顏色更深，直接進行下一道塗裝作業也沒問題。

▲進行第3次漱洗吧。可以看到溶劑還是會染上顏色。等所有作業都結束才進行清洗時，只要倒入工具清洗專用劑之類的溶劑，即可將流動路線上的所有塗料都溶解掉。

▲最前端的噴針罩也沾附到塗料了，必須先整個拆下來，再用棉花棒之類物品擦拭乾淨。為了避免誤把噴真給碰歪了，一定要先拆下噴針罩再進行清理。

▲擦拭乾淨後，清洗作業就告一段落了。確定所有作業都結束後，在下次使用之前要記得放在不會沾附到灰塵的地方妥善保管好。

▲這是使用噴筆塗裝時絕對不能做的事情。要是將塗料瓶裡的塗料直接倒進去，濃度較高的塗料會沉澱在底部，導致之後就算加入溶劑也沒辦法將流動路線上的塗料調整到適當濃度。

⑥ 塗料與氣壓的說明

▲這是使用噴筆塗裝時絕對不能做的事情其之2。就算塗料濃度太高，也不能直接將攪拌棒插進塗料杯裡攪拌。因為要是攪拌過程中刮傷了塗料杯內側，該處原有的鍍膜就會剝落。

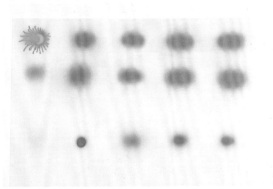

◀使用噴筆進行塗裝時需要控制的3大要素，在於塗料濃度、氣壓，以及與噴筆之間的距離。照片中由上而下依序是透過更動塗料濃度、氣壓、與噴筆之間的距離來進行噴塗而成。左側那2排是失敗的例子，右方那3排雖然算是成功，卻也互有差異。當塗料過稀時，就會像最左邊一樣顯得透明且瀰灑開來。塗料過濃時，表面則是會形成波浪般的斑紋，還會無法形成塗料本身應有的質感（明明是光澤漆卻無法產生光澤之類的）。要是氣壓過強的話，那麼塗料附著到塗裝對象表面之前就會變成乾燥的顆粒狀，甚至根本沒辦法噴出來。與噴筆之間的距離要是沒控制好，也會發生前述的那兩種狀況。當塗料較稀時，只要別靠得太近應該就還好，但要是離得太遠了，亦會造成塗料無法附著到塗裝對象表面的問題。由於一旦發生問題時，基本上都會和其中2種要素有關，因此這就是之後要思考的部分了。

⑦對零件進行塗裝吧

▲要對成形色較深的零件塗裝淺色時，要先噴塗遮蓋力較強的白色之類顏色作為底色。以選用 GX 冷白的情況來說，只要噴塗 2 次應該就能呈現夠白的的底色了。

▲再來是用黃色噴塗覆蓋住白色的底色。由於黃色本身的遮蓋力很弱，要是持續需要遮蓋在灰色上的話，一定會損及原有鮮明程度。

▲以製作機器人類的模型來說，儘管塗裝順序各有不同，但後續需要覆蓋細部的地方，以及得夾在裡頭的部位之類零件都必須先行塗裝，最好一開始是從關節部位著手塗裝起。

▲關節色塗裝完成後，為了進一步塗裝其他顏色，因此得要黏貼遮蓋膠帶才行。

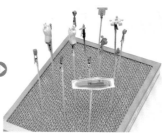

▲遮蓋膠帶要經由裁切得較小片來逐步黏貼，或是配合裁切成與黏貼部位相符的形狀。當需要使用的部分已經裁切完畢後，為了避免沾附到灰塵之類雜質，必須將遮蓋膠帶收回袋子裡保管好。

▲基本上只要遮蓋到塗料不會溢色的程度就行了，因此請仔細黏貼覆蓋住腳踝顏色不同的部分。等黏貼完成後再拿掉多的部分給切割掉。

▲要進行更嚴謹的遮蓋時，就先將遮蓋膠帶裁切成細條狀再拿來黏貼。重點在於先將不希望被塗到顏色的面從邊緣開始黏貼遮蓋好，然後再用較寬的遮蓋膠帶覆蓋住中央部分。

▲將設有夾子的支架插在塗裝台座上，並且以絕對不會觸碰到塗裝面的方式固定住零件。零件也要設置在彼此絕對不會互相觸碰到的距離，然後將塗裝台座放在不會整個傾倒的穩定場所。

▲塗裝時要留意噴塗的方向。以照片中這塊腹部零件來說，就是只針對外側的單一面進行噴塗。

▲但這樣做就只能為一個面上好顏色，效率也不佳。另外，也可能會發生沒上到顏色的情況，因此要採取一次為 2～3 個面進行噴塗的方式上色。

▲為了能明確分辨哪些部位有上到顏色，讓塗裝地台具備足夠的照明也很重要。照片中是在為邊緣部位上色，同時也一併塗裝內側，不過得留意不要噴塗過量，以免讓不必要的地方累積塗料。另外，只要順著支架的軸心線方向進行噴塗，就能塗裝得相當美觀。

▲等到已經看不見底色，顏色也塗裝的很均勻，這樣就算是噴塗完成了。只要漆膜表面也很美觀工整，那就行了。噴塗時的重點在於要留意各個面，還有別噴塗過度，以及小心不要有遺漏上色的地方。

▲遇到有凹槽結構的零件時，就得從造型較複雜的部位先塗裝起。像這樣先塗裝較狹窄或凹處的地方，再塗裝較寬廣的面，比較不會發生遺漏上色的問題。

▲靴子零件在前後側之間有個微幅的高低落差，該處就沒上到顏色。由於這類部位很容易沒上到顏色，因此建議要優先塗裝。

▲讓顏色整個改變，看起來有如原本就是這個成形色一樣，這就是噴筆的魅力所在。只要邊確認零件本身的凹凸起伏，邊採取多方向噴塗方式上色，即可塗裝得相當美觀。

⑥ 用噴筆能做到的各式塗裝表現

※注4：之所以不對顏色鮮明處施加光影塗裝處，目的是為了凸顯出施加過光影塗裝處。就像為全身施加迷彩塗裝的用意，其實在於讓人難以判斷整體的真正形狀為何一樣。只要有適當區分有無施加光影塗裝的部位，即可分別凸顯出這類部位。

⑧ 光影塗裝

 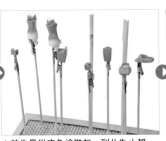  

▲先做光影塗裝的前置準備。由於底色會採用光影塗裝中較深的顏色，因此要把顏色調得深一點。

▲首先是從底色塗裝起。到此為止都和一般的塗裝作業一樣。

▲由於噴塗底色的幅度要既寬廣又均勻，因此要用氣壓調整器把壓力調得較高些。

▲要施加光影塗裝時，若採用相同壓力，會無從控制噴塗幅度，因此要用氣壓調整器把壓力調到先前的一半。調整之際要記得壓住氣閥按鈕，也就是持續噴出壓縮空氣。要是沒這樣做的話，等開始噴塗時，壓力數值會下降，導致壓縮空氣量變得不夠。

 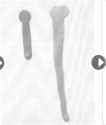  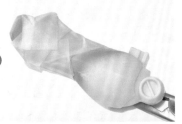

▲這次光影塗裝採取面的中央較明亮、邊緣較暗沉的傳統噴塗手法。為了不把原有的深色整個覆蓋掉，必須以細噴方式塗裝較明亮的顏色才行，因此能用來調低壓力的氣壓調整器絕對不可或缺。

▲調低壓力後，要是塗料濃度不變，那麼會噴不出來。因此得將塗料濃度調得比照片左側的底色（左）更稀才行。

▲採取將噴塗範圍控制在直徑3mm左右的形式進行細噴。壓力調低後，噴筆與塗裝對象間的距離也必須拉得相當近才行。在塗裝較寬廣的面時，為讓邊緣能殘留顏色，只要對著中間上色就好。刻線一帶也要保留原有的深色。

▲由於擬真型的小腿肚顏色不同，要先進行遮蓋。這部分採取了沿著邊緣黏貼裁切成細條狀的遮蓋膠帶，讓它能密合於該處弧線。要是這部分發生溢色問題，補救作業就得從施加光影塗裝重新做起，得多花不少功夫。

▲光影塗裝會使用到3階段不同深淺的塗料，藉此呈現具有深度的色調變化。這方面使用了大致加入白色調得較明亮的，以及加入黑色調得較暗沉的。也就是灰色自左起共有經由加入黑色調得最深、調得次深的（底色），以及原有的灰色這3種。

▲趁著施加光影塗裝的空檔噴塗紅色。儘管擬真型的黑色、綠色、灰色這3種顏色會施加光影塗裝，但白色、黃橙色、紅色不用施加光影塗裝。

▲由於紅色與成形色為同系色，因此噴塗時要仔細確認是否有上滿顏色。噴塗1次顏色之後，要拿到其他地方利用照明確認有無均勻地上滿顏色。

▲白色、黃橙色、紅色之所以不施加光影塗裝，原因在於有不少面積較小、沒辦法胡亂施加的地方，而且本身已經是很鮮明的顏色了，要是再調得更明亮的話，會與其他顏色搭配不起來（※注4）。

  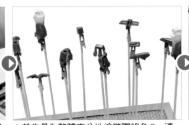  

▲綠色部位是從軍綠色2開始塗裝起。這部分會採用更具體實踐（直接）的方式去控制光影塗裝效果。

▲TAMIYA製塗料皿只要削掉一角就能形成傾注口，對於倒入噴筆塗料杯來說是很方便的工具。以這次的做法來說，是很可靠的商品呢。

▲首先是為整體充分地塗裝軍綠色2。連零件深處這類地方也不能遺漏上色。光影塗裝一旦有地方沒塗到底色就得花很多時間去補救，因此一定要仔細地檢查。

▲直接施加光影塗裝時，首先要從將剩下的軍綠色2倒回塗料皿裡開始。

▲倒回塗料皿後，經由加入白色調出較明亮的的顏色。儘管得視塗料杯裡剩下的量而定，但基本上只要先加入一滴就好，如果顏色沒有明顯改變就再加入另一滴。

※注5：施加光影塗裝後入墨線的話，有時會在光影塗裝效果影響下，導致墨線變得不明顯。因此在最初的塗裝階段就要仔細確認是否會造成這種情況。在實際操控過這類顏色變化後就能獲得經驗，只要回饋到自己的喜好上就會更加進步，既然為了施加光影塗裝而買了噴筆，那就盡管透過塗裝來不斷完成自己的作品吧。

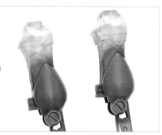

▲直接加入塗料瓶裡的白色後，塗料的濃度會變高，必須再加入數滴溶劑進行稀釋。用攪拌棒取一些溶劑滴入時，要小心別加入太多滴。

▲調整完畢後就將塗料再度倒入塗料杯裡。此時要是塗料杯裡仍有先前的塗料殘留，那麼必然會影響到剛才調好的顏色。因此一定要記得把先前殘留的塗料給清洗乾淨。

▲先前噴塗底色時的氣壓必須跟著調低才行。大致上是要從 0.1 調成 0.05，調整時要記得一邊持續噴出壓縮空氣，一邊用旋鈕調整氣壓。

▲相較於左側零件平板單調的塗裝，右方零件在色調上則是有著些許變化，不知各位是否看出來了呢？

▲為所有零件施加過光影塗裝後，就再度將杯裡的剩餘塗料倒回皿裡。這種形式的光影塗裝除了能重複利用塗料之外，還能經由稀釋塗料濃達度成大幅減少塗料的消費量。

▲為已經調得較明亮的軍綠色2再度加入白色，將它調整得更明亮些。加入白色後，只要攪拌到比塗料皿壁面更明亮的程度，即可進入調整濃度的階段。

▲隨著追加白色導致濃度變高，為了能進行細噴，必須加入溶劑調稀才行。只要將攪拌棒伸入溶劑瓶裡，再立於塗料皿上方，即可做到僅加入幾滴溶劑的程度。如此就能順利控制塗料的濃度了。

▲再度倒回塗料杯裡。由於是第2次施加光影塗裝，氣壓等數值維持和第1次時相同即可。不過流動通道上可能還有殘餘前一次的塗料，因此先試噴，確認是否能噴出更加明亮的顏色。

⑨剩餘的塗裝作業

▲噴塗最明亮的顏色時，要避開零件的凸起處，只要對面的中央進行噴塗就好。以小腿肚部位來說，就是側面與背面之間，以及側面的隆起處，這些部位都是所謂的凸起處。也就是要將前述5處以外的面都塗裝得更明亮。經由細噴施加刻意殘留前一道顏色的光影塗裝後，就結果來說完成了具有3階段色調變化的光影塗裝。

▲等塗料完全乾燥後就可以剝除遮蓋膠帶。當發現有塗料溢出時，假如是顏色較清晰的溢出，那就拿原有顏色的塗料用漆筆來補色。若是呈現霧狀暈開的溢出，那就用棉花棒沾取研磨劑來輕輕地擦拭，這樣即可清理乾淨。如果溢色狀況更加嚴重的話，也就只能回頭重新再做一次了。

▲用白色 FS 17875 來塗裝頭部。包含頭部側面燦熱口和下顎的邊緣等處在內，頭盔有著許多的面得塗裝，因此要小心別遺漏上色了。

▲護盾的外框部位是用冷白來塗裝。由於這是遮色力很強的顏色，因此只要噴塗幾次就能將底色塗裝成白色的。這是一種可以用來調色、當作底色，或是作為白色使用的萬能色呢。

▲身體是從塗裝午夜藍著手。接著是施加3色的光影塗裝。

▲雙眼零件要刻意留下縫隙來呈現眼部周圍的黑色。這次為了充分凸顯這點，因此會選用黑色來塗裝。首先是將不需要塗裝到的部分給遮蓋起來。

▲將眼眶的部分塗裝成黑色。這次只朝單一方進行進噴塗，並且控制在不讓未經遮蓋處沾附到多餘塗料的程度。

▲雙眼零件採取只將眼部覆蓋起來，然後對周圍噴塗黑色的方式來上色。只要有將遮蓋膠帶充分地黏貼密合，那麼眼部就不會有塗料溢進去（※注5）。

※注6：儘管基本上是以漱洗的方式進行清理，拆解開來洗淨和整備得視塗裝的頻率而定，不過最好是以每當塗裝完成一件作品，或是一段長期作業結束後為原則。畢竟反覆拆解後，可能會造成零件鬆弛而難以組裝密合，甚至是零件破損的情況，導致難得購買的噴筆無法再繼續使用下去。因此一起來確認要如何每隔一段時間進行徹底的清洗整備，確保自己的噴筆能常保運作順暢吧。

⑩噴筆的整備作業　每次塗裝完畢後都要進行清洗。踏實地進行整備是能讓噴筆長久使用下去的訣竅所在。（※注6）

▲所有塗裝作業結束後，為了將塗料杯裡清理乾淨，必須進行「漱洗」。此時只要搭配工具清洗專用劑這類強效溶劑，即可將角落裡的殘餘塗料也溶解掉。由於這類強效溶劑足以溶解塑膠，因此使用時一定要遠離套件。

▲拿工具清洗專用劑進行漱洗後，還要稍微讓噴筆噴出剩餘溶劑，確保流動通道也能清理乾淨。這類強效溶劑的味道都很刺鼻，要用面紙之類物品來吸取掉，順便用來擦拭周圍沾到的塗料。要記得把塗料杯蓋一併擦拭乾淨。

▲接下來要進行正式的整備作業。照片中是TAMIYA製SPRAY-WORK噴筆用清洗套組裡也有附屬的清洗刷。對於從前端來清洗塗料流動通道是相當方便的，建議一定要準備一支來使用。

▲拆解噴筆時，首要先從拆開後側的筆蓋著手。筆尾蓋本身是藉由螺紋拴上去的，因此只要轉鬆開後即可取下。

▲取下筆尾蓋後，即可看到噴針的後側。由於一旦噴針有所扭曲變形，噴筆就會失去正常機能，因此得格外謹慎處理。將噴針後側的噴針閥桿螺帽給轉鬆開後，即可只讓噴針往後移動。

▲緩緩地將噴針往後筆直抽出來，由於不須用力也能抽出來，因此不必著急，只要緩緩地往後抽就好。

▲噴針的針尖和中間很容易沾附到汙漬，但並不建議直接用面紙之類物品進行擦拭。因為有可能會受到施力的影響而導致噴針有所扭曲變形。

▲必須改用沾取了溶劑的漆筆之類工具，採取輕輕抹過噴針來清理掉塗料。不會直接觸碰到噴針，因此不會有造成破損或扭曲變形的風險。謹慎擦拭乾淨後，剩餘溶劑就用面紙之類物品吸取吧。

▲最前端的噴針罩和噴嘴罩要拿工具清洗專用劑來徹底清洗乾淨。由於要是原本有上潤滑油的話也會被一併清洗掉，因此之後要記得重新塗抹。

▲在邁入清洗的關鍵之前，先來看看噴嘴密封劑和噴嘴扳手。這是拆解噴嘴進行清洗時不可或缺的工具。噴嘴密封劑就像潤滑油一樣，是用來塗佈在噴嘴的螺紋部位，能如同橡膠墊發揮避免壓縮空氣外洩的功效。噴嘴扳手則是只要用方形開口扣住噴嘴的平坦部位，即可像旋開螺絲一樣轉鬆開來。

▲用噴嘴扳手把噴嘴給拆解開來吧。先將噴嘴扳手的方形開口扣住噴嘴的平坦部位，然後轉開即可。噴嘴本身很小，只要像轉開螺絲或保特瓶的瓶蓋一樣往左旋就能轉開。不過要是太用力，可能會令噴嘴受損，因此使用扳手時一定要格外謹慎，輕輕地轉動就好，絕對不要勉強施力。

▲稍微轉鬆後，噴嘴就會從原有位置上移開。只要像這樣稍微轉鬆，接下來就算用手指也能旋開，因此剩下的不必用扳手，只要用手指捏著旋開即可。

▲噴嘴順利地拆下來了。在螺紋處有著紅色的密封劑，內部則是有塗料類的汙漬殘留。接下來要把這些都去除掉。

▲在構成噴筆的所有零件中，只有純粹金屬製的零件能夠用浸泡方式來清洗乾淨。有使用到橡膠的零件絕對不能浸泡在工具清洗專用劑。這類零件一旦劣化了，噴筆就無法發揮應有的性能。視廠商而定，有些噴筆也會設有橡膠墊，這樣的話就不能浸泡，只能用稍微沾一下的方式清洗。

▲用清洗刷來清理流動通道。這部分是用清理刷前端沾取工具清洗專用劑，再從噴筆主體的前端輕輕地伸進去。

▲從塗料杯上方來看可知，清理刷頂多只能稍微觸碰到後側的孔洞。由於在塗料杯後側的孔洞裡也設有橡膠密封墊，因此若是讓工具清洗專用劑滲過頭的話，那麼會令該處提早劣化。

▲將清洗刷稍微前後移動，再從前端抽出來。接著將前端擦拭乾淨，然後按照先前要領再度進行清理。這部分必須反覆清理到刷子上的工具清洗專用劑不再混濁為止。

▲由於塗料殘渣之類雜質可能會從流動通道溢到塗料杯的角落，因此要用沾取了工具清洗專用劑的棉花棒擦拭掉。只要將殘留在角落的塗料也趁此擦拭掉，應該就能清理得很乾淨了。

▲將面紙捲成尖頭狀，伸入浸泡在工具清洗專用劑中的噴嘴裡頭，藉此將內部進一步擦拭乾淨。該處要是有塗料殘留的話，噴針就無法順利地在噴嘴裡往前伸，這樣會導致塗料進一步堆積，最後導致無法噴塗。

▲在將清洗完畢的噴嘴裝回噴筆上之前，要記得先塗佈噴嘴密封劑。這方面只要先用牙籤稍微沾取紅色膏劑，再以不溢出界為前提輕輕地塗佈在噴嘴的螺紋上即可。

▲先將噴嘴用手指捏著旋回噴筆上。由於噴嘴的螺紋只要稍有錯開就會無法旋緊，遇到這種狀況時要立刻拆下來，等確認裝設位置無誤後再重新裝回去。

▲儘管最後也可以用噴嘴扳手來旋緊，但使用噴嘴扳手旋緊過頭會導致噴嘴受損，因此只要用手指旋緊就好。而為了避免光用手指無法充分旋緊的情況，才會靠噴嘴密封劑作為輔助。

▲將噴針也要裝回原位。仔細對準噴針閥桿螺帽中間的孔洞後，輕輕地筆直插進去。

▲裝回噴針時一旦有卡住的感覺就要立刻停手。這可能是因為有零件沒裝回去，或裝錯位置導致的。這時要先壓下氣閥按鈕，確認可供噴針穿過的孔洞是否對準正確位置。

▲確認噴針有準確地伸出噴嘴前端後，就不要繼續將噴針往前推了。再繼續往前推反而會讓噴針把噴嘴給頂壞。確認噴針裝設好後，即可旋緊噴針閥桿螺帽，接著只要確認將氣閥按鈕往後拉時能夠連帶讓噴針往後移動，那麼裝設噴針的作業就完成了。

▲接著是裝設噴嘴罩。此時要記得將氣閥按鈕往後拉，讓噴針前端能退回噴筆裡，這樣就能避免發生噴嘴罩把噴針給碰歪的問題了。

▲將噴嘴罩給旋緊。這裡塗有避免壓縮空氣外洩的潤滑油，只要潤滑油仍足夠，那麼轉動時就會有點黏滯感。儘管潤滑油完全耗盡的狀況很少見，但為了慎重起見最好還是檢查一下。

▲將噴針罩也裝回原位。噴筆的整備作業終於快要結束了。

▲在避免碰到噴針的前提下謹慎地裝回筆尾蓋並旋緊。要是發現筆尾蓋無法順利旋緊的話，那麼就要檢查噴針的裝設位置是否太後面了，以及位於最後面的噴針調整拴是否旋緊過頭等問題，然後再重新裝回去。

▲最後是將剩餘的工具清洗專用劑用面紙吸取掉。

▲用剛才那張面紙把噴筆整體表面都擦拭得亮晶晶的吧。塗料杯周圍等處很容易有塗料殘留，不過只要靠工具清洗專用劑就能輕鬆地擦拭掉了。

▲經由上述步驟後，噴筆的整備作業總算結束了。在下次使用到之前要記得小心地保管好喔。

6 用噴筆能做到的各式塗裝表現

G-3 鋼彈與飛機風格塗裝
可說是絕配！

　　用噴筆做到的第一種塗裝表現乃是飛機風格配色。就像在現實飛機上也能看到的低視度塗裝一樣，為了呈現能降低目視辨認度的模樣，整體採用了色調較低的配色。這件範例其實也是以 RX-78-2 鋼彈的衍生機體之一，出自『機動戰士鋼彈 MSV』的 RX-78-3 G-3 鋼彈為藍本。

使用 BANDAI SPIRIT
1/144 比例 塑膠套件
"ENTRY GRADE" RX-78-2 鋼彈

RX-78-3
G-3 鋼彈
製作・解說／けんたろう

灰色調的低視度塗裝與G‧3鋼彈可說是絕配。附帶一提，要是全身上下只使用一種灰色會顯得過於單調，況且這本身就是一架科幻機體，因此唯有身體採用了比其他部位更深的灰色來塗裝，以便進一步提升立體感。

的軍武感了。另外，適度添加機身標誌後也更具屬於飛機

▶灰色調的低視度塗裝與G‧3鋼彈可說是絕配。附帶一提

素組　　　　　　範例

塗裝，這些都是噴筆的強項所在呢。

使用配合自己喜好調出的顏色，還能施加迷彩之類的光影

成更為均勻美觀的塗裝表面。而且有別於噴罐，噴筆能夠

筆塗的不均勻感，塗料粒子也比噴罐更為細緻，因此能形

▲▶左側為套件素組狀態，右方為範例。噴筆塗裝不會有

REAR

FRONT

59

一提到軍武風格，
那麼非擬真型鋼彈莫屬！

接著要介紹AFV（※注1）風格塗裝的範例。儘管只是施加了主要會使用在戰車和裝甲車等載具上的暗綠色系塗裝，不過這件範例隨著運用光影塗裝營造出更具深度的色調變化，整體也顯得更具如同戰車般的軍武威。藍本當然是源自一提到要賦予鋼彈軍武威，就絕對少不了這架衍生機體的擬真型鋼彈！

※注1：AFV＝Armoured Fighting Vehicle 的簡稱，也就是裝甲戰鬥車輛的意思。這是用來指戰車和步兵戰鬥車這類備有裝甲，而且設有攻擊兵器的戰鬥用軍事車輛。

Q「擬真型鋼彈」是什麼呢？

當年『機動戰士鋼彈』電影版三部曲首映時，在大河原邦男老師配合宣傳所繪製的畫稿中，採用了洋溢著軍武威的配色與機身標誌來詮釋各式MS。而以該畫稿為藍本所推出的第一款套件即為「1/100 RX-78 擬真型鋼彈」。這件範例在塗裝與機身標誌方面就是以該套件的包裝盒畫稿和完成樣品為參考。

使用BANDAI SPIRIT 1/144比例 塑膠套件
"ENTRY GRADE" RX-78-2 鋼彈
RX-78 擬真型鋼彈
製作・解說／けんたろう

素組　範例

REAR　FRONT

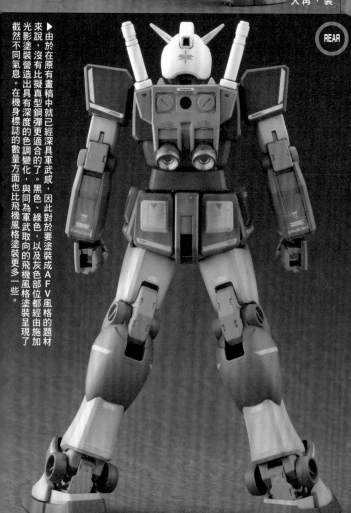

▲◀左側為套件素組狀態，右方為範例。之所以能施加光影塗裝這類的上色方法，一旦仰賴於噴筆所噴出的塗料粒子極為細膩，以及噴筆能夠經由細噴針對定點上色的特質。當然，即便粒子再細膩，終究還是得重疊塗佈多次，因此必須連同漆膜厚度也納入考量，事先打磨零件進行調整才行。

▶由於在原有畫稿中就已經深具軍武威，因此對於要塗裝成AFV風格的題材來說，沒有比擬真型鋼彈更適合的了。黑色、綠色、以及灰色部位都經由加光影塗裝營造出具有深度的色調變化，與同為軍武取向的飛機風格塗裝呈現了截然不同氣息。在機身標誌的色彩取向數量方面也比飛機風格塗裝更多一些。

⑥ 用噴筆能做到的各式塗裝表現

① 光澤塗裝的關鍵在於面處理

對光澤塗裝來說最重要的，就屬事前的表面處理了。無論塗裝後將表面研磨得多光滑，只要疏忽了事前的表面處理，那麼就無從展現閃閃發亮的光澤表面。

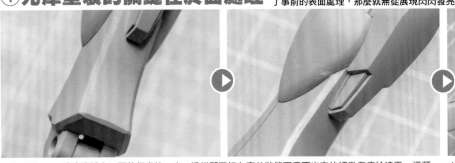

▲先噴塗1000號底漆補土，再整個磨掉一次。這樣即可把在套件狀態下看不出來的細微傷痕給填平。這類細微傷痕在施加金屬質塗裝後會變得極為醒目，就算噴塗了透明漆層也無法掩飾掉，因此一定要在這個階段填補平整。確認已經把戲為傷痕填補完畢後，就用1500號底漆補土噴塗覆蓋整體。

▲噴塗第2次底漆補土後，用WAVE製打磨棒【拋光款】對整體進行研磨，在將夾入其中的塵埃等雜質磨掉之餘，亦將整體研磨出光澤感。

② 對水貼紙進行研磨

▲發現胸部的接合線沒有處理好。這時即便多少會影響進度也不要妥協，而是要謹慎地重新處理。

▲為了讓金屬質塗裝能呈現良好的發色效果，必須先噴塗黑色作為底色，然後再用打磨棒【拋光款】研磨出光澤感。視這道作業的成果而定，後續塗裝時才能獲得光滑平整的塗裝表面。不過隨著表面帶有光澤，塗料也會變得容易流動，還請特別留意這點。

▲主要塗裝完畢後，即可黏貼水貼紙。若是發生白化現象（※注1）的話，可能光是靠塗佈水貼紙密合劑也不足亦充分滲透進去，必須稍微割出一小道缺口，讓密合劑更易於滲透進去。

③ 研磨表面

▲儘管程度不及一般貼紙或塑膠貼紙，但水貼紙本身還是有厚度的。為了去除這個微幅的高低落差，必須用打磨棒【拋光款】進行研磨。不過要是研磨得太用力，可能會對水貼紙造成不必要的損傷，因此一定要謹慎進行。

▲覺得可以不用在意高低落差後，即可使用研磨劑來研磨表面。這次選用了TAMIYA研磨劑。首先是從粗款使用起，之後依序用細款、拋光款進行研磨以求恢復光澤。用研磨劑處理過後，再塗佈SUJIBORIDO製玻璃纖維拋光劑作為覆膜。

④ 作為凱斯巴爾專用機的修改

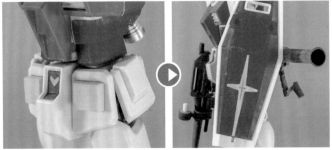

▲凱斯巴爾專用鋼彈除了具有紅色的機體配色之外，還有著腰部中央裝甲上側和護盾表面都未設置聯邦軍標誌這個特徵。範例中是經由先將聯邦軍標誌削平，再將剩餘縫隙用補土填滿的方式來重現應有形狀。

④ 其他的修改

▲頭部火神砲和推進背包處推進噴嘴都換成了另行販售的金屬製零件。這樣一來就能進一步提高金屬質感了。

◀超絕火箭砲、火箭砲掛架零件、光束軍刀的光束刃都是取自HG版RX-78-2鋼彈（No.191）。

將凱斯巴爾專用鋼彈採用光澤質感塗裝來呈現！

最後要介紹採用光澤質感塗裝來呈現的範例。目標是呈現如同車輛模型般的金屬質感和光澤感。相較於先前的飛機風格塗裝和AFV風格塗裝，作為前置作業的表面處理對光澤質感塗裝來說會更為重要。既然要用車輛模型風格的光澤質感塗裝來詮釋，那麼採用紅色系塗裝肯定十分相配，因此這件範例選擇以出現在電玩軟體『機動戰士鋼彈 基連的野望』中，屬於if設定的機體RX-78/C.A 凱斯巴爾專用鋼彈為藍本。

▶大家是否都看得出來，各部位都具備了深具光澤感的光滑塗裝表面呢？在進行過徹底的表面處理，以及仔細地研磨拋光後，即可呈現如此閃亮耀眼的成果呢。

使用 BANDAI SPIRIT 1/144 比例 塑膠套件
"ENTRY GRADE" RX-78-2 鋼彈

RX-78/C.A 凱斯巴爾專用鋼彈

製作・解說／Ryunz

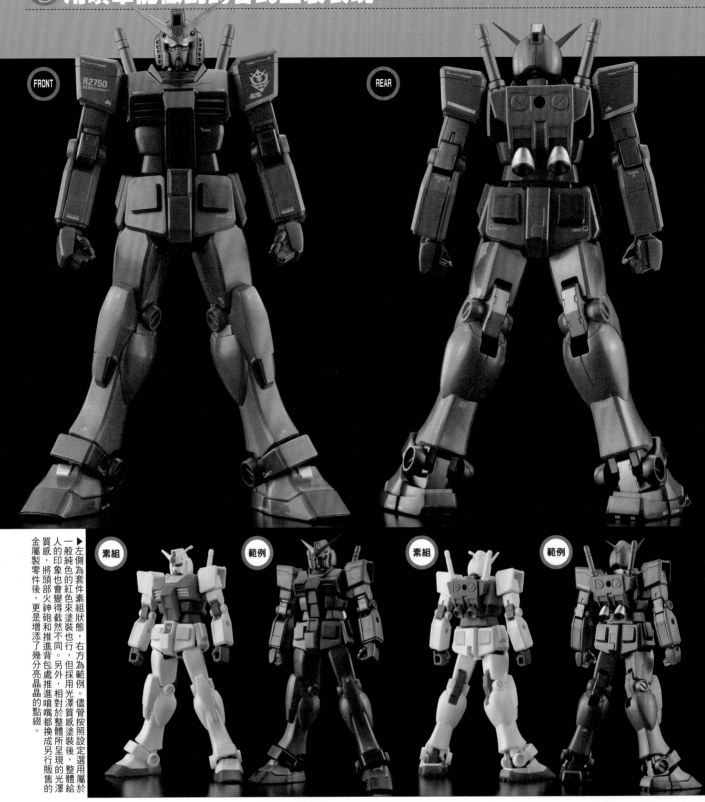

FRONT
R2750

REAR

素組　範例　素組　範例

一般純色漆的紅色來塗裝也行，但採用光澤質感塗裝後，整體所呈現的，相對於整體塗裝來說，儘管按照設定選用屬於金屬製零件後，更是增添了幾分亮晶晶的點綴。另外，相對於整體塗裝來說，儘管按照設定選用屬於金屬製零件後，更是增添了幾分亮晶晶的點綴。將頭部火神砲和推進背包處推進噴嘴都換成另行販售的金屬製零件後，更是增添了幾分亮晶晶的點綴。

■主要塗裝

　　相較於使用純色漆，金屬漆在控制噴塗量方面頗有一點難度，一旦粒子太多造成流動，整個金屬質感也會產生改變。為了能夠充分展現良好發色效果，以及避免在黏貼水貼紙時造成粒子剝落和白化現象等問題，最好是用透明漆噴塗覆蓋過，而噴塗透明漆層時最重要的，在於一開始只要少量進行噴塗就好。要是一開始噴塗得太厚，那麼金屬漆可能會被溶解，導致粒子流動。黏貼水貼紙後也要充分靜置等候乾燥，然後再度噴塗

透明漆覆蓋整體。在如此重疊噴塗透明漆層後，接下來才能順利進行研磨拋光作業。

■表面研磨的補充

　　玻璃纖維拋光劑是車輛模型用的玻璃纖維覆膜劑。它能藉由玻璃纖維在塗裝表面上形成覆膜，達到長期保護塗裝表面的效果。這樣不僅能增加光澤感，能避免沾附到指紋和灰塵，對於光澤塗裝來說是很可靠的保護手段，相當推薦比照辦理喔。

■使用塗料

　　儘管金屬質感塗裝多半是以黑色作為底

色，但這次不僅使用了黑色，亦有使用白色作為底色。尤其是金屬血紅色的色調會隨著底色而產生變化，只要利用這點，就算是相同塗料也能展現不同色澤。由於能夠像這樣透過底色改變給人的印象，各位不妨也多方嘗試看看，肯定能獲得很有意思的成果喔。

　　紅1＝GX金屬紅（底色：白色）
　　紅2＝GX金屬血紅色（底色：白色）
　　紅3＝GX金屬血紅色（底色：黑色）
　　關節＝骨架金屬色1
　　武器等處＝金屬灰

7

製作A4尺寸的 情景模型

整個說明過鋼彈主體的基本製作方法後，下個階段就是要做出「情景模型」。首先就從最輕鬆且容易製作的A4尺寸著手，在地台構圖方面也選擇了並不算多困難，只要是看過『機動戰士鋼彈』的人，任誰都會想試著重現的第1集「鋼彈矗立於大地!!」其中一景作為題材，擔綱製作者則是角田勝成。

使用BANDAI SPIRIT 1/144比例 塑膠套件
"ENTRY GRADE" RX-78-2 鋼彈 &
"HIGH GRADE UNIVERSAL CENTURY" 夏亞專用薩克 II

鋼彈矗立於大地!!
製作・解說／角田勝成

角田勝成
擅長以角色機體、怪獸等題材來製作情景模型的資深情景模型師。總是運能用任誰都能意會的構圖來詮釋故事一景。

① 從製作地台著手

這次選擇做成A4這種相對較為小巧尺寸。視如何在這塊面積上設置所有必須要素的方式而定,完成度也會受到影響。

▲台座選擇了能在居家用品賣場之類地方買到的木板。

▲地台選擇了作為建築隔熱材料用的保麗龍板。這也是在居家用品賣場之類地方可以買到的。

▲將保麗龍版裁切成A4尺寸。台座則是要比地台稍微大一號,這樣搭配起來剛剛好。

▲將保麗龍用白膠黏貼固定在木板上。

② 設置外框

由於情景模型是擷取出故事裡的其中一景,因此會有所謂的中斷面存在。要是讓該處維持原樣會顯得很不美觀。

▲為了讓地台能營造出深度感,因此要為地面設置高低落差。在這個階段就要先構思好打算把地台做成什麼樣的形狀。

▲直接讓保麗龍的中斷面外露會顯得很不美觀,因此得將該處蓋住才行。首先是以地台的中斷面為準,裁切出形狀相符的薄木板。

▲將裁切好的薄木板黏貼到保麗龍的中斷面上。將中斷面給掩飾住有助於提高作品的完成度。

③ 添加造景物

將地台設置好後,接著就是設置造景物。這方面得設想好打算呈現什麼樣的情景,再加上必須的要素。

▲混凝土部位是用塑膠板來呈現。溝槽狀部分是先用自動筆畫出參考線,在沿著該處雕刻而成。

▲地面是拿鐵道模型用石膏來製作的。這部分還藉由用漆筆塗佈來呈現細微的地形變化。

▲在構思作品的規劃中,這裡屬於剛建造完不久的鬆軟地面,因此還加上了薩克Ⅱ的腳印來凸顯這點。

範例

▲瓦礫是混合了將石膏做成板狀再敲破的碎片,以及園藝用肥料「MILLION」中的碎石子而成。這兩者都是拿用水稀釋過的樹脂白膠黏合固定在地台上。

▲地台部分製作完成,再來只要添加作為裝飾的樹木並進行塗裝,一切就大功告成了。

◀包含台座在內的尺寸為寬24.3cm× 長33.4cm×高6cm。在面積僅有A4 尺寸的小巧地台上巧妙地設置了鋼彈、 2架薩克Ⅱ，以及鋼彈拖車。驚慌逃難 的民眾不僅營造出了臨場感，更襯托出 了MS的巨大感。

製作情景模型能進一步拓展
屬於鋼彈模型的樂趣

　　使用ENTRY GRADE RX-78-2鋼彈製作的A4尺寸情景模型完成了。由於ENTRY GRADE鋼彈本身的完成度很高，因此只要修改一小部分便能直接派上用場，相對地也得以將時間和心力投注在製作地台上。如果覺得A4尺寸還是顯得很大的話，也可以改為製作成更加小巧的擷取式場景喔。有別於獨立的單一作品，情景模型有著截然不同的魅力呢。

鋼彈不僅將天線削磨銳利，還把帽簷處給削薄了。基於美觀方面的考量，前臂處的護盾也都填平了。手掌零件取自另行販售的HGBC版製作手掌組開來以調整角度。由於是剛啟動後沒多久，因此在添加汙漬時有控制得內斂些。

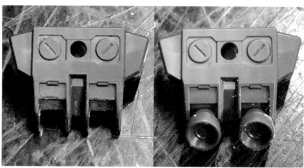

▲推進噴嘴原本與推進背包是一體成形的零件，範例中將該處削掉，換成另外販售的同類型零件。

▲民眾是將鐵道模型的套件重新上色而成。鐵道模型的N比例相當於1/150，與1/144比例的鋼彈模型在縮尺上十分相近，因此很適合拿來製作情景模型。

▲▶為了重現金恩那架薩克Ⅱ（上方照片）被扯斷的動力管，因此取出了橡膠電線的內芯來使用。丹寧的薩克Ⅱ則是直接製作完成。兩者都把頭頂用來裝刃狀天線的組裝槽給填平，手掌也都換成了HGBC版製作手掌組 圓形指 [M]。基於這兩者應該都是已使用一段時間的機體，於是還用電雕刀加工做出戰損痕跡。

■「那就是聯邦軍製MS的威力嗎？」
在BANDAI舉世聞名組裝模型研發技術下誕生的，正是任誰、隨時隨地都能輕鬆地組裝完成的鋼彈模型「ENTRY GRADE RX-78-2 鋼彈」！真的簡單到讓人開心極了呢！這次我要利用這款ENTRY GRADE鋼彈來製作情景模型。場面主題當然是選擇所有鋼彈迷都很熟悉的TV動畫版第1集「鋼彈轟立於大地!!」囉，不僅設置了丹寧和金恩的薩克Ⅱ，更加入了要重現這個場面時不可或缺的鋼彈拖車。要是有充分表現出鋼彈具備壓倒性威力的形象，那麼這件情景模型就算是製作得十分成功了，不知各位覺得如何呢？

◀這件情景模型在A4尺寸上重現了『機動戰士鋼彈』第1集的故事一景。量產型薩克Ⅱ被拋飛出去的模樣，訴說著鋼彈具備壓倒性威力的威力。兩架薩克Ⅱ都是拿2020年7月發售的翻新款HG版夏亞專用薩克Ⅱ製作而成。

▲薩克Ⅱ在膝裝甲和薩克機關槍用彈匣的內側都留有凹槽，該處均用塑膠板覆蓋住。

▲由於夏亞座機S型和量產機F型在推進器的推力方面有所差異，因此將薩克Ⅱ背部推進噴嘴換成尺寸小一點的以重現F型。

▲鋼彈拖車是提到第1集時絕對不可或缺的配角機體，這款套件取自EX模型系列。範例中將駕駛座的擋風玻璃部分都給挖穿，改用透明塑膠板重製。貨台上的吊鉤扣具、煞車燈都是利用另行販售的零件來添加細部修飾。

請教職業模型師的製作構思方式

セイラマスオ

在此暫且中場休息一下，改為向職業模型師請教製作範例時的構思方式吧。本次請教的對象正是セイラマスオ。足以稱為他所經手範例代名詞的修飾手法「マスオ風格細部結構」、作品整體外形詮釋方向，以及淺色系塗裝表現等特色究竟是如何構思出來的呢？接下來就要向他請教罕為人知的「マスオ理論」訣竅何在。

採訪／HOBBY JAPAN編輯部 矢口英貴
文／けんたろう

セイラマスオ
2021年時出道已達16年，住在福岡的資深職業模型師。2020年時也在社群網站上出道，邁入了嶄新的模型人生。

● マスオ風格細部結構的源頭

──首先想請教您マスオ風格細部結構的源頭何在。

マスオ 這其實是長年累積經驗而成的。以我個人來說，比起潔淨清爽風格的範例，我更偏好製作那種有稍微改造一下、發揮一點有趣構思的範例。因此我起初純粹是不斷加上凸起狀細部結構而已。剛開始真的只是黏貼一點東西上去罷了。畢竟這樣是最輕鬆的。但光是加上凸起狀細部結構會顯得到處都凹凹凸凸的，其實並不好看。況且也沒經過表面處理，導致就算塗裝了也不夠美觀。在思考過為何會這樣之後，想出要是多做個凹狀的地方來取得平衡，應該就能化解這種純粹疊加上去的感覺了吧？於是便往這個方向增添凹狀細部結構。老實說，我一開始對刻線感到畏懼，覺得那是很棘手的技法，其實很不喜歡這麼做。所以根本沒想過要加上工整美觀的刻線。

──那麼讓您加上刻線的契機何在呢？

マスオ 因為覺得只靠凹凸這兩種結構會顯得很單調。我剛開始做模型時的套件水準和現今差距甚遠，當時零件上會留有許多很寬廣的面呢。

──近來有著高精密度細部結構的套件也變多了呢。

マスオ 如果是從現在才開始做的話或許會不一樣，但當時我幾乎不會對未經塗裝的表面做修改。在思考過該怎麼做才好之後，覺得若是在寬廣的面上添加些視覺資訊量，應該就能顯得疏密有別了。畢竟光是加上凸起狀細部結構的話，只會顯得到處都凹凹凸凸的，一點不好看。於是我用減法的概念來添加凹狀結構，再用刻線作為銜接起凹凸結構的脈絡，進而落實為具有機械風格的細部

結構。所以我在設置細部結構時，儘管是在表面添加修飾，心裡卻是以機械零件為藍本的。就構思方向來說，其實也就在於既然鋼彈是一架機器人，那麼在此處應該要有零件分割線會比較合理之類的。因此我設置凸起狀細部結構時並非隨手添加，而是這些結構底下可能有些什麼設備，才會需要在外裝零件上設置這些類似艙蓋的東西，使得表面顯得凹凹凸凸的，亦即先在腦海中思考現實的機械是什麼樣子，再據此去設置。既然是往或許具有某種機能這個方向去做，那麼僅有凸起狀細部結構存在就會顯得欠缺說服力。基於這點，我才會藉由進一步設置凹狀結構和缺口來賦予變化，避免顯得過於單調。因此我的初期作品在細部結構數量方面不像現今作品那麼多，看起來還挺簡潔的呢。所以才會說這是累積長年經驗形成的風格。

──凸起狀細部結構和凹狀細部結構藉由刻線巧妙地銜接起來了呢。

マスオ 其實這可以算是一組細部結構。以要在一個面上追加刻線構成分割線為例來說明吧。當刻線為第一道工程時，我會認為這是從凹狀結構起步的。等刻線這部分完成後，再適度添加凸起狀結構。儘管在刻線這道工程後又加上了第二道工程，但實質上是做出了一組細部結構。因此與其說是為刻線添加凸起結構，不如說是為了避免一組細部結構中只有刻線而顯得太單調，於是藉由添加凹凸結構來賦予變化。亦即比起稱為用刻線連接起不同細部結構，更應該說是為了讓一組細部結構不會過於單調，才會藉由適度隔開的方式加以化解。所以如果試著純粹只用添加凸起結構或凹狀結構，甚至是刻線的方式去做，結果看起來肯定會顯得很雜亂。基於上述，與其一開始就去想該如何搭配這三種手法，或許採取先做出其中一種作為

基礎，再反過來添加另外兩種的方式會比較好。就算是只用刻線方式來添加細部結構，其實也可以等到後續再添加凸起或凹狀結構來蒙混過去。這就是為何我並非一開始就設想好了一個完整形態的原因所在。假如光是加上刻線看起來就還不錯，那我會就此點到為止。要是加上凸起狀結構後反而顯得很醜，那我會試著削掉，或是再加上一個凸起結構讓該處形成高低落差。

──那麼最後您是如何整合起來的呢？

マスオ 想辦法取得平衡囉。舉例來說，在製作身體時，我不會採取先為胸部添加好細部結構，再去處理腹部的方式。如果是凸起狀細部結構的話，我就會先適度地為整體添加，再以讓整體能取得均衡為前提進行增減。我也不會採取只針對某一處添加細部結構後，再去為腿部添加修飾的做法，而是全面性的添加細部結構後，以能夠取得平衡為前提，進一步拿捏恰到好處的表現。我並沒有極端地講究該怎麼添加細部結構，只是視情況逐步添加細部結構罷了，或許就是因為這樣才能做出現今的密度感吧。由於如今我也有了一定的經驗與心得，在製作過程中也能大致整握完成可能會是什麼樣子。

● 試著修改一下體形吧

──再是來想請教您製作時一定會修改，以及修改之後會深具效果的重點何在。

マスオ 這方面就要從修改體型說起了呢。儘管得視套件而定，但我與其他職業模型師的不同之處，應該就在於會把頸部的長度這點吧。大家的範例多半是會把頸部加長，但我多半是反過來縮短呢。

──說起來好像真是這樣呢。

マスオ 以客觀角度來看自己的範例時，會發現比起修長感，我通常更著重於營造出壯碩感。基於這點，我向來會比較在意頸部和肩部的位置。就以往的傾向來說，我會讓肩部顯得高聳點。畢竟肩部要是下垂，看起來肯定會欠缺力量感呢。既然要讓肩部顯得像是有在使勁，那麼必然會往這個方向去做。儘管就整個身體來看，這樣做多半會令腹部顯得較苗條，卻也能相對地令腿看起來變長。由於讓腿部顯得長一點是很典型的修改，因此我會在注意均衡感的前提下這麼做。這或許也是出自於我不喜歡輪廓顯得鬆垮無力的關係吧。況且大家應該都比較喜歡看起來緊緻結實的感覺。基於上半身要是顯得較大，看起來就比較容易給人鬆垮無力的印象，我在製作時也就傾向於將上半身修改得更結實緊緻，讓下半身的占比能顯得高一點，所以才多半是以修改上半身為主呢。

──您還會試著修改眼神對吧？

マスオ 我絕對是為了臉部才這麼做的。畢竟我對臉孔的喜好頗為明確。我向來認為鋼彈臉就該是這種感覺，單眼型機體就該是

那種感覺，很明確地曉得該往呈現哪種形象的方向去做，因此不會視機體而定採取不同製作方法。只是這樣或許會扼殺掉角色個性呢。既然是鋼彈就該顯得精悍些，我個人認為KATOKI HAJIME老師筆下的造型，亦即所謂的Ver.Ka臉就是心目中的正確答案之一。因此只要是鋼彈，不管是什麼樣的機體，我都必然會往同一個方向去修改。

●淺色系塗裝表現與保留成形色

——您在淺色系塗裝上有特別講究之處嗎？

マスオ　說到施加淺色系塗裝有什麼好處，那就屬能夠化解玩具感這點了吧。也可以說是營造出空氣遠近技法或現實兵器感之類的吧，畢竟就算實際上是紅色的，亦會受到隔著空氣層的影響，導致看起來沒那麼紅。另外，儘管用水性塗料筆塗上色時，很容易塗得顏色不均或留下筆痕，但只要加入白色就會變得容易塗裝許多。在這層影響下才會導致色調偏向淡色系呢。話雖如此，將範例塗裝成淡色系之際還是很令人提心吊膽呢。畢竟調色之際和實際塗裝出的顏色會有所差異。因此若是要塗成紅色的話，那就非得調成粉紅色不可。不然塗裝後就不會顯得偏淡了。所以與其說是以塗裝出恰到好處的色調為目標，應該說是調出了適當的顏色才會用來塗裝比較貼切。

——您在範例的製作說明中經常提到「保留成形色」，這代表您是在不噴塗底漆補土的狀態下進行塗裝嗎？還是根本沒有塗裝呢？

マスオ　我確實經常那樣寫呢。其實我既沒有看過底漆補土也不曾使用過。我在看模型雜誌上刊載的製作方法時，每次都會提要先從噴塗底漆補土著手，我對此只覺得「不對吧，塗這種藍灰色是要做什麼？」。因此我都會省略這個步驟。畢竟我無法理解經由噴塗底漆補土來檢查傷痕、整合色調，或是作為底色的意義何在。包含過去讀者時期投稿的作品在內，我的範例從未噴塗過底漆補土。儘管是否有塗得視具體狀況而定，但白色、淺灰色、關節灰這類地方我多半是不會塗裝的呢。這方面的要領也和添加細部修飾時一樣，先審視整體的均衡性，再看看這裡補上顏色會不會比較好，依循這種原則去補上顏色。就算是未進行基本塗裝的零件也會施加局部塗裝。即使同為灰色，亦會讓保留成形色部位和經過塗裝處的色調能夠一致，大致上就是這樣。其實透過拍照在這方面能夠獲得不少助益呢。

●在推特上變化萬千的觀點

——您使用推特（現為：X）的契機是？

マスオ　這點其實還滿明確的。我改變了以往一直在製作範例的週期，也騰出了一些空閒時間。我認為能兼顧嗜好與工作，還可以做自己喜歡的東西才算是職業模型師。這樣真的很幸福呢。由於工作本身就是做模型了，因此我沒必要把做模型視為嗜好。由於在工作上原本就是讓我選擇自己喜歡的題材來做，因此我家裡沒有任何一件並非基於工作，而是出於自身嗜好才做的模型。受到自己做的模型向來會刊載在HOBBY JAPAN月刊上給廣大讀者欣賞這層影響，在家裡趁著空閒時間獨自製作好模型後，發現只能自己讚嘆「做好了耶！」會有種少了什麼的感覺。會想要拿給某人看看！想展示一下！希望能與別人分享！這也是理所當然的事情。儘管思考過有沒有什麼方式可以解決，但我的周遭環境既沒有模型同好，也沒有適合展示模型的場地。於是為了自己的展現欲，我只剩下買手機將作品上傳到推特這條路可選。一切都只是為了滿足展現欲而已呢。

——您實際嘗試過之後，好像沒過多久就博得了許多人訂閱追蹤呢。

マスオ　呃，其實我是在幾乎什麼都搞不懂的情況下開始就用推特，儘管還是不太清楚那代表什麼意義，但能隱約理解到那是很不得了的事。能有這麼多人對此感興趣，我真的非常開心呢。歷來以職業模型師身分發表作品時，確實也聽說過有許多來自讀者的迴響，但終究是代為轉述的，不是我個人直接收到的呢。因此我看到自己的作品被刊載在HOBBY JAPAN月刊上時有多興奮，如今就有多興奮呢。

——在推特上確實能很直接地獲得反應，那麼可有因此改變的事情嗎？

マスオ　我以往欠缺網路環境，範例刊載在HOBBY JAPAN月刊上時獲得的迴響，頂多就是透過編輯部來電，或是看讀者互動單元「MODELER'S INN!!」知道的。如今能夠直接獲得反應，對我來說是相當大的鼓勵呢。當然以往刊載在雜誌上也是意義非凡，儘管兩者帶給我的振奮程度不相上下，但能獲得直接的反應還是很令我開心呢。

——所以您的模型人生就是像這樣獲得了轉機呢。那麼今後您在雜誌和社群網站上還有哪些想嘗試的事情嗎？

マスオ　我還沒有想那麼多呢。目前有點像是把以往為雜誌做的事情加以延伸，只是把自己的作品改為上傳到推特罷了。完全沒有什麼很明確的計畫。不過我最近也隱約發現了一些在雜誌上沒辦法做到，但在推特上辦得到的事情。舉例來說，就像套件攻略一樣，可以透過比較輕鬆簡潔的方式，按照自己的想法來完成之類的。又或者是，當訂下只能用一種手法來製作時，要選擇按照慣例來添加細部結構？還是該按照以往的方式來塗裝呢？之類的做法。身為一介職業模型師，我的技術和創意不夠廣泛，總是會採取相同的製作方向，但隨著這麼做，能夠自由發揮的空間也增加了。舉例來說，雜誌得以配合最新套件和時勢的作品為主體，但在個人的推特上就沒有這層限制了，就算是很久以前發售的套件，或是雜誌不太會接觸到的冷門套件，都可以隨心所欲地去製作呢。

——所以マスオ老師在推特會比較易於傳達您是如何製作的，以及是怎麼構思的呢。

マスオ　我其實只是很普通地介紹自己平時是怎麼做的，可是大家似乎都很驚訝，看到那種反應時，我有時也會覺得原來如此啊。我並非知道所有的經典技法才這麼做，而是實在別無選擇，只好採用這種製作方式，但大家看到時都讚歎不已，這令我覺得很開心，就像是介紹了以往都沒人這麼做過的技法一樣呢。但我並不是出於想說明還有這種做法才如此提議的。儘管現在大家認為我這種製作方式很罕見，但我覺得恐怕就算過了2年，自己的做法也還是不會有所改變。會改變的只有屆時在製作什麼套件罷了。包含這層意義在內，我覺得這就是我自己的做法，因此並不打算為了推特去進一步鑽研自己的技法。不過，在製作方式上其實也仍舊和雜誌上的範例一樣，若是能讓大家都能理解到這點的話就太好了。

●只要有心就一定能辦得到

——本次之所以用這種形式請您接受採訪，其實是為了讓讀者能了解マスオ老師的製作技法和構思方式。分門別類就細部修飾、外形詮釋，以及塗裝表現這幾方面進行說明，應該會更易於理解才是。因此HOBBY JAPAN月刊打算在近期內推出詳盡介紹マスオ老師各式製作方法的新連載單元，屆時也要請您鼎力相助囉。

マスオ　新連載單元嗎!?那真是令人開心呢。我也有收到過「自己應該也能做到，但實際嘗試後卻發現做不到」之類的意見呢。如果能分門別類地說明「這裡只要那樣做就可以囉」，應該就能充分傳達即使乍看之下門檻意外地高，但實際上要做到並不難。希望能讓大家都知道，就算不具備高深的本事或技只要術，只要有心就一定能辦得到。

——感謝您撥冗接受採訪。

（2020年10月於HOBBY JAPAN編輯部進行採訪。※為了避免新冠疫情進一步蔓延，本次採訪是在遵循防疫規定的前提下進行）

[職業模型師的觀點與製作技法]
將套件做得無從挑剔的製作方式

　　儘管 ENTRY GRADE RX-78-2 鋼彈是一款能夠輕鬆地組裝完成，在造型與可動性方面也都相當不錯的套件，但就經驗豐富的職業模型師觀點來看，還是多少能挑出一些令人在意的地方。因此接下來要請 JUN Ⅲ 來說明如何化解這類「套件不甚令人滿意之處」的製作方法。還請各位仔細品味職業模型師特有的著眼點，以及據此進行改善的攻略方法。

BANDAI SPIRIT 1/144 比例 塑膠套件 "ENTRY GRADE"

RX-78-2 鋼彈
製作・解說／JUN Ⅲ

> **JUN Ⅲ**
> 　做工紮實，解說淺顯易懂且詳盡，經手了諸多範例與圖解製作指南單元的資深職業模型師。為 POST HOBBY 厚木店的常客。

本章節所需的工具&用品

HG不鏽鋼製丁字尺（WAVE）
◀只要用丁字尺抵在塑膠板的其中一邊上，即可垂直地裁切開來，對於會用到塑膠板的作業來說相當方便。丁字形內角還預留了可容納筆刀之類刀刃的溝槽，因此就連邊緣也能裁切得很工整美觀。

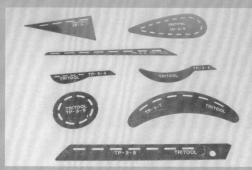

各種BMC鑿刀（SUJIBORIDO）
▲較細的鑿刀主要是為了更易於進行入墨線作業起見，因此會事先用它將紋路等刻線重雕得更深。較寬的鑿刀則是用來雕刻出溝槽，以及用來將高低落差結構底下面給鑿平。

精密游標尺（TAMIYA）
▲儘管游標尺的特徵在於可用來測量外徑、內徑、深度，但在這裡主要是用來測量外徑，以及用來抵住塑膠板之類物品的邊角，然後割出刻痕用的。由於游標尺為金屬製品，因此對塑膠製品來說能用來進行一定程度的刻線作業。

模型鋸套組（模型用鋸）（HASEGAWA）
◀儘管這款模型用鋸主要是拿來切斷零件的，但有時也可以作為刻線工具使用。由於有著各式各樣形狀的鋸片，因此能配合零件的形狀和大小來選用。

各式鑽頭（GodHand）
▶只要拿A～D套組來搭配選用，即可以0.1mm為單位分別鑽挖出0.5～3mm大的孔洞。由於能夠以0.1mm為單位調整孔洞大小，因此需要插上塑膠圓棒或黃銅線時能夠刻意將開口微調得略大，以便讓膠水滲流進其中。亦能反過來刻意鑽挖出直徑略小一點的開口，進而做出較緊的可動部位。

電雕刀用刀頭（直徑6mm）
（※在雜貨店購得，製造廠商不明）
▶能用來為開口部位擴孔，或是削磨噴射口之類零件的內側。這次主要是用來製作掩飾手腕部位的零件。由於要使用的塑膠板僅有0.3mm那麼薄，為了避免塑膠板在鑽挖過程中扭曲變形，導致開口部位顯得鬆垮垮的，會先用塑膠管抵住內側的情況下進行作業，這樣會比較易於鑽挖開孔。在塑膠板正反兩面交替鑽挖開孔後，接下來會更易於擴孔。

HG多功能握柄 迷你（WAVE）
▶能用來裝設直徑0.3～3.2mm的鑽頭，以及電雕刀用刀頭等物品，相當方便好用。只要轉動用巴掌抵住的後側可轉動部位，即可毫無壓力且流暢地進行鑽挖類作業。

雕刻刀（平圓刀6mm寬）
（※在居家用品賣場購得，製造廠商不明）
▲主要是用來切削補土類和塑膠材料。多半是用來把填補後超出開口部位的AB補土之類材料給削掉。

截管器
（※在居家用品賣場購得，製造廠商不明）
▲儘管原本是用來切斷PVC管之類管狀材料的工具，但也能拿來切割模型用的塑膠管。不過視尺寸而定，有時模型的塑膠材質會顯得過於柔軟，導致切斷之際把該塑膠管從該給壓碎，裁切時必須謹慎小心。另外，亦能將它的裁切機制運用在刻線或雕刻紋路上。

HG金屬線用斜口剪（2.0）
▲這款斜口剪能用來剪斷直徑達2mm的金屬線（鋁線則是可達3mm）。使用特徵在於金屬線的截斷面會相當平整，易於裁切出需要使用的長度。範例中需要裁切直徑1mm的黃銅線時，就是用它來剪斷的。

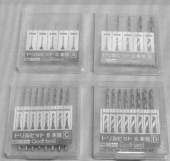

電工尖嘴鉗
（※在居家用品賣場購得，製造廠商不明）
▲當手邊沒有金屬線用斜口剪時，主要是用來剪斷黃銅線的，不過亦能用來夾住裁切成2、3mm寬的塑膠板以便進行彎折作業。由於直接用來夾住塑膠板會損及表面，因此要先拿遮蓋膠帶包覆住前端再使用。

細長金屬筆桿筆刀（NT）
▲內含5片30度筆刀用刀片和1根針。在想要雕刻用鑿刀難以刻出的小型圓圈之類曲線時，會用它搭配金屬製模板來刻線。

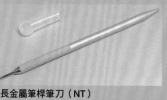

瞬間膠×3G 高速型（WAVE）
◀主要是用來黏合零件的。這種膠水的硬化速度很快，有助於節省作業時間，用起來也很方便。裝上附屬的滴管後更是易於控制塗佈量。在處理零件的毛邊時偶爾也會拿它來取代補土使用。

各種塑膠板（TAMIYA）
▶主使用的塑膠板厚度為0.3、0.5、1mm這幾種。這些是較易於加工的厚度。儘管TAMIYA製塑膠板的尺寸為B4（364mm×257mm），但為了配合作業空間起見會裁切成5cm寬來使用。這種寬度也比易於搭配丁字尺進行裁切。

Mr.造形用AB補土 AB補土PRO-H《高密度型》（GSI Creos）
▲主要是用來為容易被看到與接觸到的部位製作造型。AB補土在硬化後的收縮幅度較小，補土本身的味道也不重，可說是使用頻率相當高的材料。在製作途中照片裡屬於灰色較深的部分就是使用了高密度型之處。

WAVE AB補土[輕量灰色型]（WAVE）
▲與高密度型相反，這種材料主要是使用在比較不起眼的地方，以及藉此盡可能減少零件整體的重量。輕量型補土的密度較低，就連指甲也能輕易刮傷，因此適合使用的地方較為有限。在製作途中照片裡屬於灰色較淺的部分就是使用了輕量型之處。

刻線用模板膠帶（3mm）（HIQPARTS）
▲這是在打算於零件表面等地方雕刻紋路之類線條時，可作為模板使用的膠帶。只要先裁切出所需長度，再黏貼於打算刻線的參考線旁即可。黏力並不算很強，因此也能用來將黏貼面上的削磨碎屑之類雜質給清理乾淨。

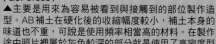

① 將形狀修飾得更為俐落分明

頭部本身的形狀就製作得很精悍，因此以將天線削磨銳利和細部結構修飾得更加俐落分明為主。

▲將頭部的天線末端安全片（凸起部位）給剪掉，再將末端給削尖。雙眼周圍的開口部位姑且維持原樣，等塗裝時再整個塗黑。

② 分割為獨立零件的優點

胸部的結構有點特殊，甚至有著因此產生的空隙，因此要對這方面進行改善。

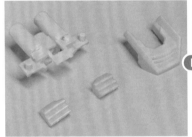

◀將原本與推進背包一體成形的噴嘴部位剪掉，再為主體這邊黏貼塑膠板作為底座，然後用市售改造零件重製出噴嘴。噴嘴是拿壽屋製M.S.G「塑膠交件圓形噴嘴」搭配WAVE製「NEW U・噴射口【圓形】S」加工做出的。噴嘴本身也用塑膠板做出底座以增加黏合面積。護盾掛架部位則是用塑膠板搭配塑膠棒製作了掩飾用零件。

▲襟領與胸部散熱口原本是一體成形的零件，但範例中為了便於分色塗裝起見，因此將各部位謹慎地分割開來。

▲頸部零件後側的面原本留有凹槽，範例中用AB補土填滿，等硬化後再用銼刀之類工具打磨平整。頸部後方原本為了便於擺出上仰動作而留有空隙，範例中則是用1mm塑膠板做出掩飾用的零件黏貼在該處。

③ 可動的優點與缺點

儘管腹部具備寬廣可動範圍的設計很出色，但一擺設動作就會露出空隙這點也很令人在意。

◀將肩關節零件用塑膠板搭配AB補土把凹槽給填滿。為了讓胸部散熱口便於先塗裝再黏合，將該部位的背面用AB補土填平。胸部則是先裝設好內部的黃色零件，再進行無縫處理，然後用鑿刀在腋下追加雕刻出紋路。

▲可動範圍寬廣是這款套件的特色，但空隙部位也很令人在意，藉由黏貼塑膠板讓開口部位窄一點，並對內側進行黏貼塑膠板等加工。

▶胸部零件也藉由在內側黏貼塑膠板來減少空隙。駕駛艙區塊側面為了設置組裝槽而製作成曲面的部位則是用AB補土來補全應有形狀。

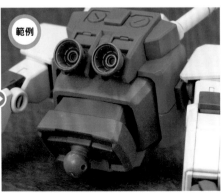

裁切塑膠板

▲為了避免在裁切塑膠板時割傷桌面，因此要搭配切割墊使用。裁切時要先用塑膠板的其中一邊抵住丁字尺，並且確保丁字尺與塑膠板不會錯開，然後才能用筆刀進行裁切。JUN III的做法是先用筆刀輕劃數次留下刻痕，再將塑膠板給扳斷。

④ 能隱約窺見的裙甲內側

視如何處理能隱約窺見的裙甲內側，以及腰部後側中央裝甲的開口部位而定，作業量會有相當大的變化。

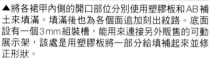

▲將各裙甲內側的開口部位分別使用塑膠板和AB補土來填滿。填滿後也為各個面追加刻出紋路。底面設有一個3mm組裝槽，能用來連接另外販售的可動展示架，該處是用塑膠板將一部分給填起來並修正形狀。

▲用蝕刻片鋸謹慎地將後裙甲處氦控制核與腰部骨架分割開來。為了讓氦控制核能固定在黏貼於後裙甲內側的塑膠板上，因此亦將該零件內側用AB補土填滿並修整出黏合面。腰部後側中央裝甲則是將一部分給削掉，以便加工移植取自HG版RX-78-2鋼彈（No.191）的零件黏貼在該處，藉此掛載超絕火箭砲。

⑤ 可動的優點與缺點其之2

儘管手肘和膝關節都是設計成「便於組裝」的構造，但以可動範圍為優先的空隙還是頗令人在意。

▲這是肘關節比較圖。範例中將肘部正面的厚度給削薄，減少了這一帶的分量。下側也黏貼了塑膠板來化解該處與前臂之間的空隙，不過為了避免影響到可動性，塑膠板的尺寸有刻意裁切得小一點。

▲這是手肘可動部位的比較圖。先對前臂處可動部位進行加工後，再於不會卡住肘關節的位置上黏貼0.5mm厚塑膠板，藉此化解空隙。

▲雖然會略為狹窄一點點，但還是幾乎保留了套件原有的可動範圍。前臂處未使用到的3mm組裝槽則是用AB補土填滿。

裁切塑膠管

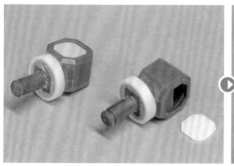

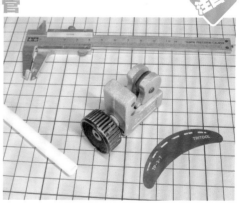

▲大腿骨關節零件在外側有個開口，該處是用裁切成形狀相符的塑膠板覆蓋住。下側軸棒部位則是黏貼裁切成環狀的塑膠管以增添分量。塑膠管與軸棒之間的空隙則是用AB補土填滿。

▶先用游標尺在塑膠管上劃出所需長度的參考線。此時並非只劃上一小截，而是要整圈劃滿。劃出這道淺痕後，截管器的刀刃會更易於咬在塑膠管上。由於直徑愈大的塑膠管愈容易被截管器給壓碎，得相對地劃出等同於刻線的刻痕，之後再由截管器沿著該處分割開來。

▲膝關節也要為下側黏貼塑膠板，藉此減少該處與小腿肚之間的空隙。側面的凹槽則是用AB補土填滿。

▲大腿開口部位下緣與小腿肚開口部位上緣都分別黏貼了塑膠板，藉此讓開口部位能窄一點。儘管這樣會對可動範圍造成頗大的限制，但這是基於美觀考量的作業。膝裝甲內側和可動部位內側也用輕量型AB補土將空隙給填滿。

▲將踝關節零件側面的凹槽用AB補土填滿。該零件後側頂端也立著黏貼了一片塑膠板，藉此遮擋住可動部位的內側。

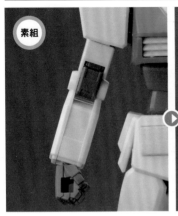 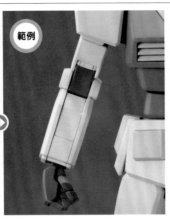  

⑥是否在意視個人而定

接下來這幾處不至於會對外觀造成影響，但若是想製作得更精緻的話，可以把這些列為進一步改善的參考。

▲在0.3mm厚塑膠板上鑽挖開孔，藉此做出用來掩飾手腕處組裝槽的零件。手掌零件則是交凹槽用AB補土填滿，並且在手背護甲上黏貼塑膠板來增添分量。

▲握拳狀手掌是拿HGBC版次元製作拳掌組[方形指]的M尺寸加工而成。除了藉由縮減手掌與手背護甲之間的距離來調整分量之外，亦修改了手背護甲側面的形狀。

▲其他手掌零件則是取自HG版RX-78-2鋼彈（No.191）的。持拿光束步槍用的有配合握把角度調整了食指角度。

▲腳底用AB補土填滿了腳尖處的凹槽，並且配合周圍的形狀打磨平整。接著還用0.2mm厚塑膠板做出腳尖處的細部結構。為了便於確認腳尖處經過加工的面起見，因此自製的細部結構要等到噴塗底漆補土後再黏貼上去。

⑦武器的製作

武器方面是補全應有的形狀，以及製作出套件中未附屬的部分。

 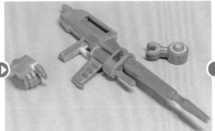  

▲將光束步槍的前握把用蝕刻片鋸之類工具仔細地分割開來，然後用黃銅線追加可動部位。該可動部位還要塞入塑膠管，以免中心偏開來。

▲由於套件中省略了扳機護弓，因此用塑膠板自製出來。瞄準器背面的凹槽也用AB補土填滿。

▲瞄準器的連接部位原本是做成C字形開口，在此自製了補全形狀用的零件，等到最後組裝階段再裝設上去。

▲將護盾握把零件的凹槽用AB補土填滿。白色部位是配合護盾連接部位的開口尺寸黏貼塑膠板作為輔助，藉此調整該處組裝鬆緊程度用的。

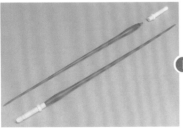  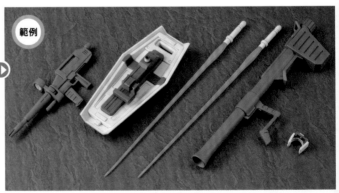

▲光束軍刀的光束刃取自HG版RX-78-2鋼彈（No.191），由於無須加工便能直接裝在此套件的刀柄上，因此便直接使用了。光束刃本身僅用砂紙之類工具磨平了分模線。

▲超絕火箭砲也是取自HG版RX-78-2鋼彈（No.191）。將可動握把的連接部位削出C字形缺口，以便分件組裝。主體則是用砂紙之類工具為各零件進行無縫處理和修整作業。

以達到更高的境界為目標

　　致力於將套件做得無從挑剔的 ENTRY GRADE RX-78-2 鋼彈完成了。儘管是一款乍看之下完成度相當高的套件，但以職業模型師的觀點來看，其實仍有些許可以改善的空間。這次所進行的作業都只運用到了基本技法，若是已經學會了保留成形色的製作法，以及運用噴筆進行塗裝的方法，那麼不妨再往下一個階段踏出一步，試著更深入地享受製作鋼彈模型之樂吧。

REAR

SIDE

FRONT

8 將套件做得無從挑剔的製作方式

▼左側為套件素組狀態，右方為範例。儘管相較之下會發現在輪廓上幾乎沒有任何改變，但隨著減少了關節部位的空隙，整體也顯得更為精緻了，不曉得各位是否都看出來了呢？這就是以「保留原有造型與概念等素質來製作完成的套件攻略範例」為主題，由職業模型師做出的成果。

素組

範例

素組

範例

▼對各部位進行加工以減少關節部位的空隙後，站姿自然不在話下，擺設各種深具動感的架勢時也無從挑剔呢。

■試著製作這款套件

這款套件的設計著重在易於組裝和可動性上，導致留有許多用於騰出可動範圍的「空隙」，即使是純粹擺設成站姿，或許也會覺得有點不協調呢。因此為了藉由擺出醒目的動作架勢來掩飾這類「空隙」，買另外販售的可動展示架來搭配說不定會比較好呢（令人畏懼的促銷戰略？）。

■塗裝

塗料使用 GSI Creos 出品 Mr.COLOR。
白＝GP 白＋RX-78 白 Ver. 動畫色彩漆
藍＝鈷藍＋MS 紫
紅＝蒙瑟紅＋粉紅色
黃＝黃橙色＋白色＋粉紅色
灰＝中間灰＋海軍藍

等入墨線作業完成後，再藉由噴塗屬於消光透明漆的 TOPCOAT 來整合光澤度。

■如果對技術有自信的話

儘管範例中是往化解「空隙」的方向進行製作，但這頂多只能算是為了讓站姿能更好看所進行的加工。若是希望「能重現動畫中的某個場面」，那麼就以「完成」該場面中的形象為目標，這樣一來該修改哪些地方應該就會變得更明確，得以往這個方面製作出符合內心理想的完成樣貌。刻意製作成情景模型之類的固定式模型也是個方法喔。希望各位都能以「完成」心目中的理想形象為目標，盡情享受製作 ENTRY GRADE 這款嶄新套件的樂趣。

9

コボパンダ
在刻線和運用塑膠板加工方面的精確度極高，也身懷廣泛的塗裝技法，從套件攻略到圖解製作指南等各式單元都能看到他大顯身手。

接下來的主題是「改造形狀」。儘管RX-78-2鋼彈有著諸多衍生機型存在，但其中在造型上相對地與RX-78-2相近的，就屬在『機動戰士鋼彈MSV』中登場的鋼彈原型機了。在本章節中將會說明如何把ENTRY GRADE鋼彈改造為鋼彈原型機的流程，擔綱講解者正是向來以做工精確度極高著稱的コボパンダ。

BANDAI SPIRIT 1/144比例 塑膠套件
"ENTRY GRADE" RX-78-2 鋼彈 改造

RX-78-1
鋼彈原型機
製作・解說／コボパンダ

[職業模型師的觀點與製作技法]

經由改造形狀
重現衍生機型

修改為鋼彈原型機的製作重點

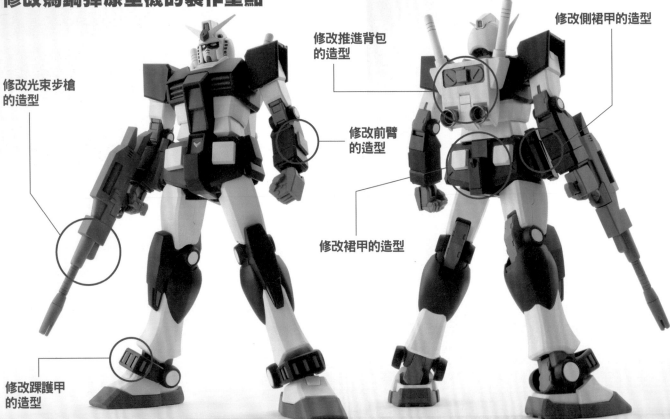

修改推進背包
的造型

修改側裙甲的造型

修改光束步槍
的造型

修改前臂
的造型

修改裙甲的造型

修改踝護甲
的造型

① 修改前臂的造型

前臂要修改成中間有一截往下凹的造型。

  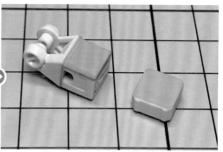

▲製作方法有①以套件為基礎進行修改、②用塑膠板等材料整個重製這兩種可選，這次採用以套件為基礎的方式進行製作。

▲首先是拿模型用鋸子（照片中為 SHIMOMURA ALEC 製超絕切割鋸 0.1）將前臂分割為三等分。切割時要先用刻線工具在打算動刀的地方劃出溝槽，再用鋸子沿著該處切割，這樣就能分割得很工整了。

▲將分割好的中間部位把形狀削磨成往內凹一階，並且貼上塑膠板以修整形狀。上下兩截則是要做出能銜接高低落差部位的斜面。基於著重外觀的考量，護盾用掛架組裝槽就直接填平了。

素組　　　　範例

▲將各零件的形狀修整完畢，最後再黏合起來，一切就大功告成了。儘管中央往內凹造型較為特殊，但只要暫且將零件分割開來個別進行修改，製作起來就相對地簡單多了。

② 修改推進背包的造型

推進背包在左右推進噴嘴之間的形狀，以及後側的線條方面都略有不同。

  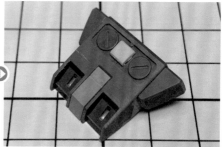

▲為了省下將原本與推進背包一體形成的噴嘴換成市售改造零件，因此乾脆沿用 HG 版 RX-78-2 鋼彈（No.191）的零件。所幸護盾用掛架組裝槽的直徑一致，得以直接使用。首先是將推進背包上下分割開來。

▲以鋼彈原型機的造型為準重新黏合起來，並且將縫隙用 AB 補土填滿。

▲噴嘴之間就黏貼用補土自製的零件。為了讓護盾仍可自由裝卸，因此用塑膠板製作了艙蓋狀零件。

素組　　　　範例

③ 修改側裙甲的造型

右側裙甲要追加光束步槍用的掛架。在此也以 MG 版 RX-78-1 鋼彈原型機的設計為參考，一併重現了這個部位的展開機構。

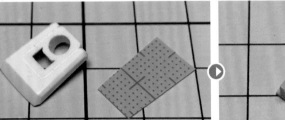

▲掛架部位是用塑膠板來自製。首先是利用 WAVE 製塑膠＝板【灰色】上印製的方格來裁切出底座部位。

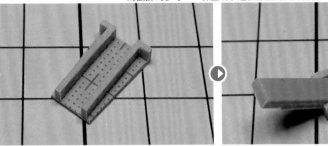

▲以利用塑膠板組成箱形的要領在底座上做出展開機構用基礎結構。塑膠板本身的方格在平行黏貼塑膠板時能作為參考依據。

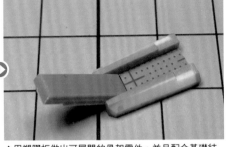

▲用塑膠板做出可展開的骨架零件，並且配合基礎結構用 1mm 鑽頭鑽挖開孔。再來只要將 1mm 塑膠棒穿進該孔洞裡，可動部位就完成了。基礎結構也經由堆疊瞬間補土塑造出應有的形狀。

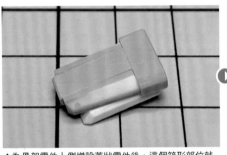

▲為骨架零件上側增設蓋狀零件後，這個箱形部位就算是大功告成了。由於可動部位和箱形結構會彼此摩擦，這兩者在塗裝後也還會增加漆膜的厚度，因此必須事先騰出些許空間才行。

▲這是展開狀態。為了能掛載步槍，因此在內側鑽挖開孔埋入了釹磁鐵。儘管這個零件很小，採用組裝槽來連接的強度會比較高，但這次決定以美觀為前提，於是採用磁鐵作為連接機制。

範例

④ 修改後裙甲的造型

後裙甲的中央裝甲在造型上是下側為凸起狀。

▲為了能沿用超絕火箭砲的掛架零件，因此後裙甲整個換成 HG 版 RX-78-2 鋼彈（No.191）的零件。接著就是配合鋼彈原型機的造型用塑膠板進行修改。

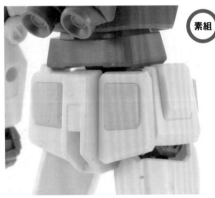

素組

範例

⑤ 修改踝護甲的造型

踝護甲的正面和左右兩側有溝槽部位。

▲溝槽部位是用 BMC 鑿刀雕刻出來的。這部分是先用鉛筆在零件上畫出草稿，再踏實地雕刻而成。

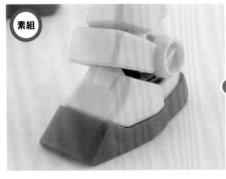

素組

範例

⑥ 修改光束步槍的造型

光束步槍沒有瞄準器和前握把，槍管和後側的造型也有所不同。

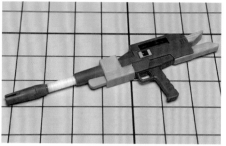

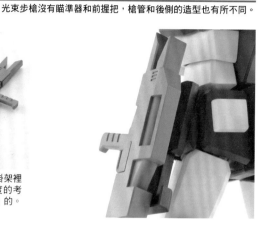

▲光束步槍選擇整體較厚的 HG 版 RX-78-2 鋼彈（No.191）用零件作為基礎，用塑膠板來修改造型。這方面是分為各個區塊用塑膠板組成箱形的方式做出零件，再逐一黏合上去並修整形狀。

▲由於光束步槍內部裝了不鏽鋼板，能被埋在掛架裡的磁鐵吸附住。護盾基於能自由調整握把角度的考量，於是換成了 HG 版 RX-78-2 鋼彈（No.191）的。

沒有的就自己做出來，
能派得上用場的就儘管拿來用

以 ENTRY GRADE RX-78-2 鋼彈為基礎製作的鋼彈原型機完成了。儘管基本上是透過對套件進行加工，以及運用塑膠板來重現各部位的造型，不過視部位而定，有些地方是改用 HG 版 RX-78-2 鋼彈（No.191）的零件，亦即因應狀況所需選用適合的製作方式。現今市面上有各式各樣的模型用材料可選購，可供沿用零件的套件選項也相當多，先試著找出合適的材料，這可說是有助於早日完成的捷徑。

素組

範例

▶左側為套件素組狀態，右方為範例。還請各位仔細確認各部位造型的差異何在。另外，在出自大河原邦男老師繪製的RX-78系機體機體設定圖稿中，手肘、膝蓋腳踝處的圓形結構都並非 ⊖ 字形，而是純粹的圓形結構。範例中也就將這些地方都用塑膠板覆蓋住，藉此一併重現該造型。

其他的製作重點

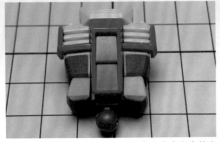

▲腹部因為著重於可動性，所以留有令人在意的空隙。紅色區塊的下側藉由堆疊補土化解空隙，還透過黏貼塑膠板將尺寸加大了一號。上側也經由黏貼塑膠板來調整空隙外露的程度。

▲將大腿裝甲的頂部和股關節零件各延長了1mm，藉此讓腿部能顯得長一點。股關節零件側面的開口也用塑膠板覆蓋住。

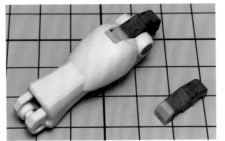

▲膝關節後側的空隙有點醒目。儘管會令可動範圍變得稍微窄一點，但為了美觀起見，還是在關節零件下側和小腿肚上黏貼了塑膠板來減少空隙。

素組

範例

■ENTRY GRADE鋼彈真不錯！

ENTRY GRADE鋼彈不僅易於組裝，價格也很便宜，造型更是帥氣！各位應該也已經買來製作了吧？這件範例正是以ENTRY GRADE鋼彈為基礎，透過修改造型來重現屬於衍生機型之一的鋼彈原型機。

ENTRY GRADE鋼彈和其他HG套件的互換性很高，這次就有使用到HG版RX-78-2鋼彈（No.191）的零件，以及取自HGBC版次元製作拳掌組[方形指]加工修改而成的握拳狀手掌。

我向來很想做做看RX-78系的範例，因此度過了一段相當開心的時光。之後也想私底下多製作幾件並列陳設在一起呢。鋼彈不管做幾次都很有意思呢！

■塗裝

白＝中間灰Ⅰ＋白色

黑＝霧面碳纖黑

紅＝MS紅

黃＝超亮黃

關節灰＝機械部位用深色底漆補土＋中間灰

▶ＥＮＴＲＹ ＧＲＡＤＥ鋼彈本身是一款易於組裝套件，只要能做到將這款單一套件給紮實地製作完成，那進一步施加改造就是邁入下一個階段的選項之一。聽到改造這個詞彙或許會覺得門檻高了點。不過只要能充分發揮基礎套件本身的素質，從試著做出衍生機型著手，這樣一來在逐步累積經驗之後，自己能做到的模型表現肯定會變得更為寬廣多元喔。

[職業模型師的觀點與製作技法]

徹底製作得既帥氣又俐落

本書最後一個製作主題乃是 [徹底製作得既帥氣又俐落]。也就是透過將各部位削磨銳利、修整各個面,以及將稜邊打磨得更加有稜有角等方式,力求將範例的完成度提升到更高境界。在本章節中擔綱解說的,正是以擅長運用塑膠板進行高精確度加工聞名的SSC。在將RX-78-3 G-3鋼彈製作成有著終極完成形態的面貌之餘,亦詮釋成在『機動戰士鋼彈』故事高潮中登場,被稱為最後決戰規格的全裝備狀態。

使用BANDAI SPIRIT 1/144比例 塑膠套件
"ENTRY GRADE" RX-78-2 鋼彈

RX-78-3 G-3鋼彈
(最後決戰規格)
製作・解說／SSC

SSC
擅長以運用塑膠板進行加工為主來自製零件的中堅職業模型師。作工精確度極高,完成時的質感也很俐落紮實,是位可靠的大哥哥。

徹底做得既帥氣又俐落的製作重點

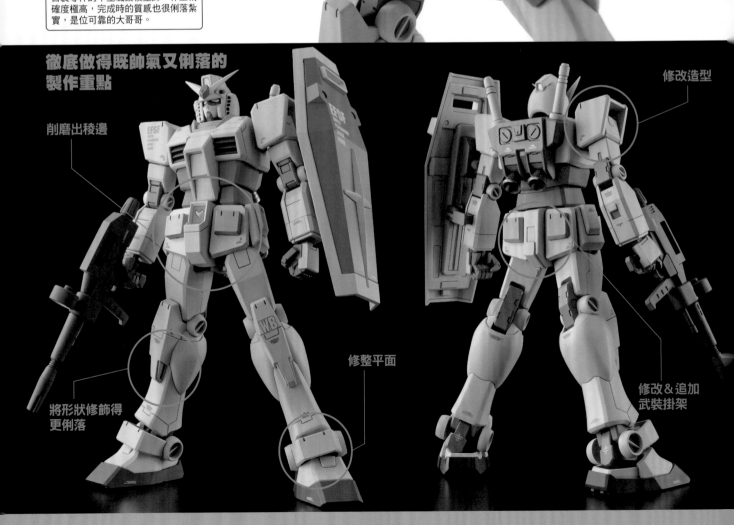

削磨出稜邊

修改造型

將形狀修飾得更俐落

修整平面

修改&追加武裝掛架

① 讓形狀更為俐落分明

透過將各部位削磨銳利、修整各個面，以及將稜邊打磨得更加有稜有角等方式，讓形狀能更為俐落分明。尤其是只要有踏實地做到將稜邊打磨得更加有稜有角，還有修整各個面，即可讓完成度顯得截然不同。

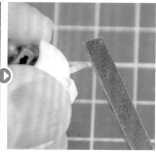

▲將頭部天線的安全片給剪掉，也就是照片中塗紅處。事先用麥克筆之類工具上色的話，會更易於分辨該修剪掉的部位何在。

▲先用斜口剪將該處給剪掉。不過可別貼著邊緣動剪，而是要稍微保留一點安全片，這樣之後會更易於加工。

▲打磨時選用了附背膠砂布 背膠騎士（ARGOFILE JAPAN）。

▲將它黏貼在金屬板上後，用來打磨剪掉了安全片的天線背面。

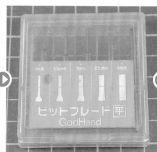
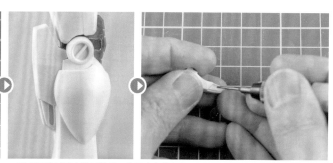

▲背面打磨平整後，藉由打磨整體將末端修飾得更銳利。打磨時要是太過用力可能會把末端給折斷，因此要用手指抵住另一側來謹慎地打磨。

▲接著要雕刻膝裝甲零件下緣側面的散熱口。這部分選用了平刃雕刻刀套裝（GodHand）來處理。

▲用平刃雕刻刀來雕刻散熱口內用麥克筆上過色的部分。

② 削磨出稜邊

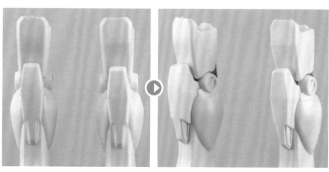
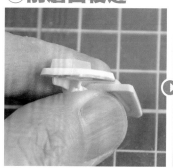
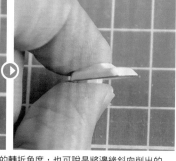

▲雕刻過散熱口和進行了後述的修整各個面，以及削磨出稜邊等作業的前後比較圖。左側是作業前，右方是作業後。

▲在裙甲零件邊緣有著被稱為「倒角」的轉折角度，也可說是將邊緣斜向削出的面。亦即照片中用麥克筆塗紅的部分。

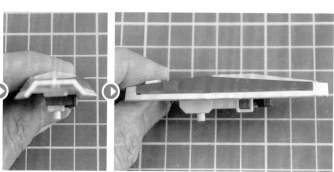

▲這個面並不存在於設定圖稿中，因此用五萬石塑膠銼刀譽 P1（KARASAWAYASURI）打磨。作業時要讓銼刀順著要保留的面打磨，直到把倒角部位給磨掉。

▲護盾邊緣也設有倒角，同樣要將該處給磨掉。

87

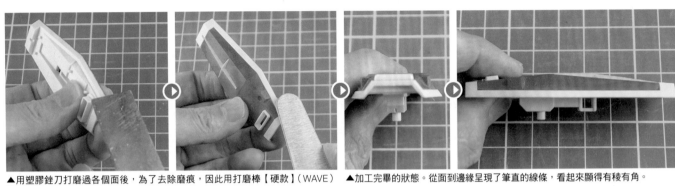

▲用塑膠銼刀打磨過各個面後,為了去除磨痕,因此用打磨棒【硬款】(WAVE)進行研磨。

▲加工完畢的狀態。從面到邊緣呈現了筆直的線條,看起來顯得有稜有角。

③修整平面

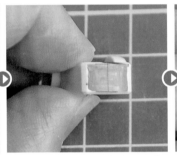

▲這是踝護甲零件。從底下來看朝向前方的那個面時,可以發現該處其實是呈現微幅的曲面。

▲為了易於辨識要打磨的部位,因此先將該處用麥克筆上色。

▲用塑膠銼刀將該處磨平到麥克筆的顏色不復存在為止。

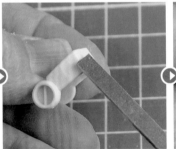
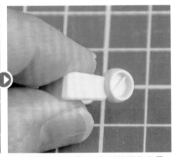

▲用塑膠銼刀打磨完畢後,就用打磨棒【硬款】進行研磨來去除磨痕。只要依序用400號→800號研磨,即可重現更為美觀的面。

▲要打磨轉折處這種類似倒角的小面積部位時,就改用黏貼在金屬板上的附背膠砂布 背膠騎士來處理。

▲在踝護甲側面與⊙字形結構的交界處要追加雕刻出紋路。

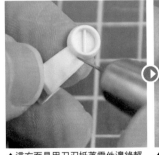
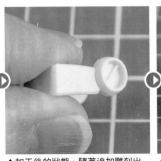

▲這方面是用刀刃抵著零件邊緣輕輕地劃過來刻出痕跡。

▲加工後的狀態。隨著追加雕刻出紋路,該處看起來更具銳利感了,入墨線時也會讓塗料更易於滲流。

▲修整平面與重新雕刻的作業前後比較。左側是作業前,右方是作業後。由照片中可知,各個面和形狀都顯得更為俐落分明了。

④修改造型

透過審視整體的均衡威和輪廓，藉此找出「對此處施加修改後會顯得更帥氣」的重點何在。由於這已經算是個人喜好的範疇，因此並不是「非做不可」的部分。

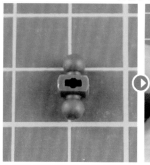 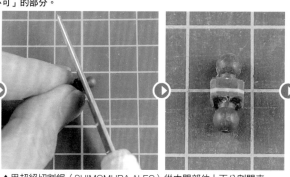 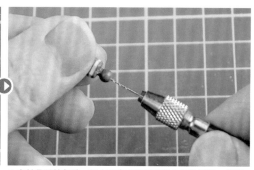

▲總覺得頭部與身體的距離過近，因此打算將頸關節零件加以延長。

▲用超絕切割鋸（SHIMOMURA ALEC）從中間部位上下分割開來，再將0.5mm塑膠板夾組在其中並加以黏合固定住。

▲由於是關節部位，加上還會有裝卸零件之類的狀況，使得這裡必須承受不少負荷，光是用黏合的方式來固定顏令人擔心強度，因此要進一步用黃銅線打椿補強。

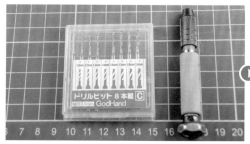  

▲儘管是要插入1mm的黃銅線，但要是一舉鑽挖出較大的孔洞，那麼有可能會讓加工點偏開，因此要先用直徑0.5mm的手鑽來鑽挖開孔。接著是考量到要預留滲流瞬間膠的空間，於是用1.1mm系的鑽頭組（GodHand）來鑽挖開孔。

▲先將瞬間膠滴入剛才挖出的孔洞，再插入黃銅線。

▲接著要處理肩甲。相較於身體，肩甲顯得薄了點，因此在正反兩面都黏貼了1mm塑膠板。

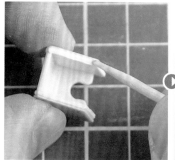 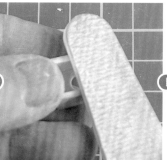 

▲肩甲的邊緣同樣設有倒角，黏貼的塑膠板與原有零件之間也仍有縫隙，因此將該空隙用CYANON瞬間膠（高壓GAS工業）填滿，再用打磨棒進行打磨修整。

▲磨掉原有倒角後，接著要自行打磨出新的倒角。

▲是用游標尺劃出參考線。

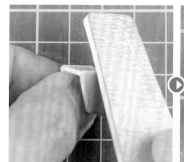  

▲接著是用打磨棒透過打磨各個面的方式做出倒角。為了讓各個面能均勻一致，同時做到讓左右零件能夠左右對稱，因此一定要謹慎地打磨修整。

▲這就是重新打磨出倒角後的完成狀態。

⑩ 徹底製作得既帥氣又俐落

⑤修改&追加武裝掛架

接下來要修改護盾的掛載方式，另外，既然是最後決戰規格，那麼就有在腰部追加武裝掛架的必要。

  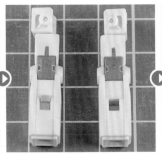

▲前臂的護盾掛載位置原本就頗令人在意，加上個人偏好護盾的掛載位置能稍微高一點，因此打算修改護盾的掛載方式。儘管這部分採取了先將前臂的後側鑽挖開孔，再把護盾擺握前後顛倒裝設的方式，但光是插進開口裡還是不夠穩定，因此在前臂內部用塑膠板設置了導軌。

▲新設置的前臂後側開口在未掛載護盾時會相當醒目，因此用塑膠板製作了掩飾該處用的艙蓋狀零件。

▲腰部的超絕火箭砲掛架會以自製零件方式來呈現。材料選用了WAVE出品的塑膠＝管【灰色】。

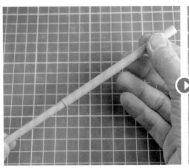 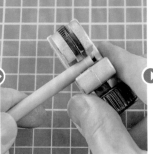 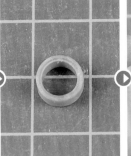 

▲直接用截管器來切割塑膠管的話，截管器的壓力會把塑膠管給壓碎，因此要先把小一號的塑膠管插進裡頭，再開始進行切割，就能避免發生被壓碎的情況了。

▲這就是裁切完成的塑膠管。

▲為了修改成Ｃ字形的零件，因此用斜口剪把其中一部分給剪掉。

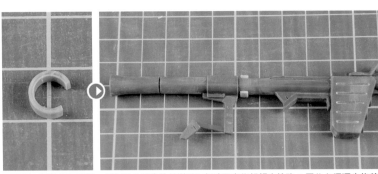 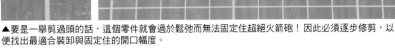 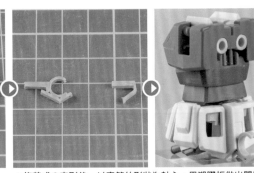

▲要是一舉剪過頭的話，這個零件就會過於鬆弛而無法固定住超絕火箭砲！因此必須逐步修剪，以便找出最適合裝卸與固定住的開口幅度。

▲修剪成Ｃ字形後，以素管的形狀為軸心，用塑膠板做出開啟狀艙蓋與連接用的部位。在此同時也一部製作出掛架收納狀態時的艙蓋零件。

▲裝設到主體上的狀態。連接部位與掛架要將後續塗裝的漆膜厚度納入考量，據此稍微打磨表面，這樣即可避免完成後發生刮漆的問題。

▲同樣用塑膠板自製出最後決戰規格所需的光束步槍用掛架。由於這是靠上下零件把光束步槍夾在其中的設計，採取了一併插入腰部後側中央裝甲裡的結構。

▲這就是掛載光束步槍的狀態。下側鉤爪也設計成能剛好穿過扳機底下的尺寸。

⑥將各部位製作得無從挑剔

接下來要解決「套件原有的不足之處」，藉此進一步提高完成度。

◀以 JUN III 的範例（刊載於 P.74）為參考，將襟領與胸部散熱口分割為個別獨立的零件。腹部零件也為減少活動時露出的空隙而黏貼塑膠板。

◀由於肩關節零件的凹槽在活動時會外露，因此將該處用 AB 補土填滿。

▲由於推進噴嘴與推進背包原本是一體成形的，因此暫且先將噴嘴部位給削掉。接著用塑膠板做出基座，再裝上另外販售的細部修飾零件。上側的掛載護盾用開口也以前臂為參考，另外製作了可自由裝卸的艙蓋狀零件。

▲將各裙甲的內側都用 AB 補土填滿，前後裙甲更是用塑膠板追加了桁架狀的細部結構。

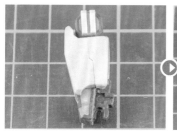 

▲將股關節零件的開口部位用塑膠板覆蓋住，並且追加細部結構。膝關節在活動時會外露的凹槽也用 AB 補土填滿。

▲將膝裝甲內側的開口部位用 AB 補土填滿，並且用塑膠板追加細部結構。由於小腿肚上方的空隙實在太大，因此儘管會令可動範圍變得稍微窄一點，但還是配合小腿肚結構原有的線條用塑膠板適度填補住空隙。

製作完成！

▲這就是各部位都製作完成的狀態。各位可看出修整過各個面與削磨出稜邊後的成效如何嗎？將受限於開模方式而做得較圓鈍的部位削磨出更為有稜有角後，整體的造型也顯得更具銳利感了。大腿正面可說是最能明確辨識出成效的重點部位呢。

▲由於腳底的腳尖部位也留有凹槽，因此先用 AB 補土填滿該處，再用塑膠板追加細部結構。

▲護盾握把的凹槽亦用塑膠板填滿。由於原本用來連接造前臂上的卡榫仍暴露在外，因此改為在其前端塞入另外販售的細部修飾零件。

徹底打好基礎後
達成「更加帥氣」的目標

以 ENTRY GRADE 鋼彈為基礎製作出的鋼彈 RX-78-3 G-3 鋼彈（最後決戰規格）完成了。本章節所進行的將零件削磨銳利、削磨出稜邊，以及修整各個面等作業，其實都是做模型時最為基礎的部分，每一道都並不會有多困難。不過只要踏實地逐一進行過這幾道作業，即可將完成度提升到這麼高的境界呢。以 HOBBY JAPAN 月刊為首，各模型雜誌上那些出自職業模型師之手的範例，其實都是有耐心地慎重進行這些作業才得以造就的喔。

▲為了重現最後決戰規格，必須準備2挺超絕火箭砲才行，因此便準備了2份HG版RX-78-2 鋼彈（No.191）來沿用該武裝。光束步槍也是沿用自主體部位比 ENTRY GRADE 更厚的同一款套件。

素組　　　範例

素組

範例

FRONT

SIDE

REAR

⑩ 徹底製作得既帥氣又俐落

素組

範例

▶左側為套件素組狀態，右方為範例。隨著修整各個面與削磨出稜邊後，各部位形狀也顯得更為俐落分明了。另外，經由為各部位追加刻線紋路和凹狀結構之後，整體的視覺資訊量增加了許多，給人更具銳利感的印象。有別於RX-78-2鋼彈的動畫角色風格塗裝，G-3鋼彈在配色上給人十足的兵器感，因此進行前述那些作業後，效果會變得更加顯著呢。

■該做哪種版本的G-3呢

儘管要將ENTRY GRADE鋼彈製作成G-3配色，但每款G-3鋼彈的套件在配色上都有著微幅差異呢。在幾經思考之後，決定仿效MG版RX-78-2鋼彈Ver.2.0的配色來塗裝。

■塗裝

主體灰＝中間灰Ⅱ

襟領＆氪控制核＝中間灰Ⅲ

腹部＆護盾藍＝白色＋紫色＋印第藍

散熱口＆靴子＝午夜藍＋白色

護盾十字標誌黃＝黃橙色＋白色

關節＝灰紫色

武器＝特暗海灰

我個人覺得ENTRY GRADE鋼彈是各式1/144比例鋼彈中最帥氣的。由於這是一款低價位且易於組裝的套件，因此之後還想再做做看呢♪

素組

範例

◀ ▶ ENTRY GRADE 鋼彈
不僅易於組裝，就算在各式
1/144比例 RX-78-2 鋼彈套
件中也可說是有著既經典又帥
氣的造型，可動範圍更是相當
寬廣，即便不是初學者亦有十
足的製作價值。因為相當易於
組裝，還能在短時間內做出如
此高的完成度，所以能夠騰出
進一步修改的功夫。畢竟都已
經製作到這個地步了，何不再
多花點功夫將它做得更加帥氣
威風呢。一想到這裡，難道不
會覺得確實蘊含著更多樂趣等
待自己去發揮嗎？

下一款要做的鋼彈模型就選它！
HJ編輯部最為推薦的套件介紹

●發售商／BANDAI SPIRIT HOBBY事業部●塑膠套件

藉由本書學到鋼彈模型的各種製作方法，以及享受樂趣的方式之後，接下來就是向等級更高的鋼彈模型系列挑戰了。畢竟ENTRY GRADE頂多只能說是居於「入門」的定位。接下來就能享受更有意思、更加寬廣的鋼彈模型世界囉。話雖如此，鋼彈模型已有超過40年的歷史，面對為數眾多的品牌和套件，肯定會有人不曉得該從何選起才好吧。因此在本書的最一個章節中，將會介紹邁入下一個階段時最值得推薦的鋼彈模型品牌與套件。希望能對各位今後的鋼彈模型生活有所助益。

	比例	價格
HG	1/144（約12cm～40cm）	700日圓～5500日圓
RG	1/144（約12cm～18cm）	2500日圓～9000日圓
MG	1/100（約15cm～22cm）	2500日圓～12000日圓
RE/100	1/100（約15cm～28cm）	3200日圓～8000日圓
PG	1/60（約30cm～36cm）	12000日圓～32000日圓

※以上僅為平均值，亦有例外的狀況。

HG 商品陣容的數量最多！

繼ENTRY GRADE之後最適合作為邁向下一個階段題材的，就屬「HG（高水準等級）」了。儘管和ENTRY GRADE同為1/144比例，但在零件架構和機構的重現度方面都更為複雜。最值得一提之處，就是在諸多品牌中，這個系列的商品陣容數量最多。雖然當初只將題材鎖定在以『機動戰士鋼彈』為首的宇宙世紀作品，才會以HGUC為名起步，但後來也陸續將『機動新世紀鋼彈X』的HGAW、『機動武鬥傳G鋼彈』的HGFC、『新機動戰記鋼彈W』的HGAC，以及『逆A鋼彈』的HGCC等宇宙世紀以外作品納入陣容，在TV動畫首播時曾同步推出HG系列套件的『機動戰士鋼彈SEED』亦以HGCE為名義重新起步。另外，亦有其他配合TV動畫和OVA上檔而推出的HG系列套件，其中最值得推薦的，就屬以鋼彈模型為題材的動畫『鋼彈創鬥者』系列旗下HG套件。目前該作品已陸續推出了HGBF、HGBD、HGBD:R系列，這些以動畫作品登場MS為藍本施加改裝而成的鋼彈模型都極具個性，就連可用於改裝鋼彈模型的配件套組也有的豐富商品陣容。若是希望能自由改裝鋼彈模型的話，那麼請務必要找這個系列來製作看看喔。

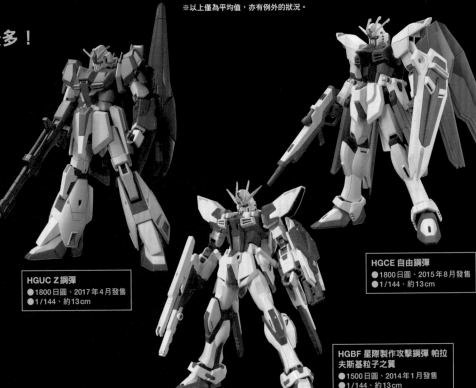

HGUC Z鋼彈
●1800日圓、2017年4月發售
●1/144、約13cm

HGCE 自由鋼彈
●1800日圓、2015年8月發售
●1/144、約13cm

HGBF 星際製作攻擊鋼彈 帕拉夫斯基粒子之翼
●1500日圓、2014年1月發售
●1/144、約13cm

最值得推薦的果然還是「RX-78-2 鋼彈」！

這是在初代HGUC版RX-78-2鋼彈問世14年後，於鋼彈模型35週年這個時間點全面翻新推出的套件，不僅有著更為帥氣的輪廓，亦具備了更高的可動性，因此能擺出如同動畫中的靈活動作。

HGUC RX-78-2 鋼彈
●1000日圓、2015年7月發售
●1/144、約13cm

將勁敵並列陳設在一起！

製作了RX-78-2鋼彈之後，接著自然會想要把身為勁敵的夏亞專用薩克II拿來並列陳設。照片中是在2020年時，亦即鋼彈模型40週年這個時間點，更是睽違了18年的全面翻新版套件。在擁有令人感到熟悉且安心的經典輪廓之餘，亦具備了最新式的可動機構。

◀這是統一採用橫向版面設計的標準包裝盒。每款包裝盒畫稿幾乎都繪製得帥氣無比。甚至還標註了擔綱繪製的插畫家是哪位老師，因此關注「這是誰畫的呢？」也是樂趣之一喔。

HG 夏亞專用薩克II
●1600日圓、2020年7月發售●1/144、約13cm

MG 已經能夠做到一定程度的話

能夠將HG已經製作到一定程度之後，下一個階段就選「MG（極致等級）」吧。這個系列的比例為1/100，尺寸比HG大得多，零件總數也更多，製作起來也相對地更有成就感，就連重現程度也相當出色。套件本身的構造亦更為複雜，而且還能搭載HG未能重現的機構等設計。甚至還衍生出了Ver.2.0這類升級版本，以及Ver.Ka這種設計師品牌等概念相異的副品牌系列，這也是MG的一大特徵所在。

MG 鋼彈 NT-1 Ver.2.0
● 5800日圓、2019年6月發售
● 1/100、約18cm

RE/100 儘管是1/100比例零件總數卻並不算多

基於「若是以現今技術來研發1/100比例套件會如何呢？」這個主旨推出的，正是「RE/100（重生1/100比例）」。儘管與MG同為1/100比例，但零件總數較少，零件架構也設計得更易於組裝。雖然問世之初是以推出當年沒有發售塑膠套件，只有樹脂套件存在的機體為中心，但近來已轉換方向改為推出適合與MG套件並列陳設的商品陣容。

RE/100 薩克Ⅱ改
● 3500日圓、2019年7月發售
● 1/100、約18cm

RG 儘管只是1/144比例卻有著這等密度感

儘管與HG同為1/144比例，卻能品味到壓倒性密度感的，正是「RG（擬真等級）」。這個系列有著得惠於多重嵌入成形這個技術，得以製作出只要將零件從框架上給剪下來，即可立刻構成可動骨架的「進階型MS關節」，以及有著如同金屬般光澤的貼紙「擬真質感貼紙」等特色，可說是不僅集歷來培育出的技術之大成，亦採用了各式先進的點子。雖然商品陣容還不算多，卻是足以感受到鋼彈模型最先進技術的品牌。

RG ν鋼彈
● 4200日圓、2019年8月發售
● 1/144、約15cm

RG 沙薩比
● 4500日圓、2018年8月發售
● 1/144、約18cm

PG 令人憧憬製作的鋼彈模型巔峰

在為數眾多的鋼彈模型品牌中也足以被稱為最新、最巔峰，甚至冠上完美名號的，正是「PG（完美等級）」。比例為1/60，無論是存在感、精密度、先進性等各方面都居於頂尖等級。經由這個系列驗證過的新技術，日後也會應用到其他鋼彈模型系列上，因此可說是居於旗艦級模型的定位。1998年問世的PG版RX-78-2鋼彈在歷經22年後，於2020年這個時間點，推出了鋼彈模型40週年集大成之作的PG UNLEASHED版RX-78-2鋼彈。這款套件即便具備了過去從未採用過的新素材，還有著壓倒性的造型密度，卻也同時在追求能毫無壓力地組裝完成，是一款能「令人知曉製作之樂」的商品。鋼彈模型將會在它的帶領下邁入嶄新境界，確實可說是終極的存在呢。

PG 能天使鋼彈（LIGHTING MODEL）
● 32000日圓、2017年12月發售
● 1/60、約30cm

PG UNLEASHED RX-78-2 鋼彈
● 25000日圓、2020年12月發售
● 1/60、約30cm

編輯後記

非常感謝您購買『變身帥氣鋼彈模型的10大製作技法全書』。儘管本書是以2020年發售的鋼彈模型全新入門套件「ENTRY GRADE RX-78-2 鋼彈」為題材，介紹鋼彈模型的各式製作方法，但刊載的這些技法並非只能使用在ENTRY GRADE鋼彈上，而是能應用到各式各樣的鋼彈模型上。在完成了ENTRY GRADE鋼彈之後，請您務必要運用這些技法邁向下一個階段。

由於本書主要是以能夠讓初次接觸鋼彈模型的玩家，以及回鍋鋼彈模型玩家當成參考書為目標，因此對於本身已經具備一定技術的資深玩家來說，或許會覺得內容有所不足。如果是這樣的話，希望這類資深玩家能告訴那些剛開始接觸鋼彈模型的人，或是不曉得該如何製作才好的人有本書存在。期待各位也能扮演傳播媒介的角色，將製作鋼彈模型之樂傳達到敝編輯部未能接觸到的地方去。這樣一來，知曉鋼彈模型樂趣的世代就能傳承給新世代。若是本書在這段繼往開來的過程中能提供些許助益，那將會是敝編輯部的榮幸。

HOBBY JAPAN編輯部 矢口英貴

[STAFF]

■PLANNING&EDITOR
矢口英貴 Hidetaka YAGUCHI

■MODEL WORKS
哀川和彥 Kazuhiko AIKAWA
SSC
角田勝成 Katsunari KAKUTA
けんたろう KENTARO
コボパンダ KOBOPANDA
sannoji
JUNⅢ
林哲平 Teppei HAYASHI
水瀬ちか Chika MINASE
らいだ〜Joe Rider Joe
Ryunz

■SPECIAL COOPERATION
セイラマスオ SEIRA-MASUO

■PHOTOGRAPHERS
河橋將貴 Masataka KAWAHASHI（STUDIO R）
岡本学 Gaku OKAMOTO（STUDIO R）
塚本健人 Kento TSUKAMOTO（STUDIO R）
関崎祐介 Yusuke SEKIZAKI（STUDIO R）

■ART WORKS
広井一夫 Kazuo HIROI［WIDE］
鈴木光晴 Mitsuharu SUZUKI［WIDE］
三戸秀一 Syuichi SANNOHE［WIDE］
西村大 Dai NISHIMURA［Daisy Grow］

■SPECIAL THANKS°
株式会社サンライズ
株式会社BANDAI SPIRITS ホビー事業部
バンダイホビーセンター

出版　楓樹林出版事業有限公司
地址　新北市板橋區信義路163巷3號10樓
郵政劃撥　19907596　楓書坊文化出版社
網址　www.maplebook.com.tw
電話　02-2957-6096
傳真　02-2957-6435
翻譯　FORTRESS
責任編輯　吳婕妤
內文排版　洪浩剛
港澳經銷　泛華發行代理有限公司
定價　480元
初版日期　2024年10月

變身帥氣鋼彈模型的10大製作技法全書/ HOBBY JAPAN編輯部作；FORTR ESS翻譯. -- 初版. -- 新北市：楓樹林, 2024.10
　面；公分
ISBN　978-626-7499-33-7（平裝）

1. 玩具 2. 模型

479.8　　　　　　　　　113012948